唤醒智慧女人

COCO 著

文匯出版社

图书在版编目（CIP）数据

唤醒智慧女人 / COCO著. — 上海：文汇出版社，2020.11

ISBN 978-7-5496-3355-5

Ⅰ.①唤… Ⅱ.①C… Ⅲ.①女性—成功心理—通俗读物 Ⅳ.①B848.4-49

中国版本图书馆CIP数据核字（2020）第196000号

唤醒智慧女人

著　　者 / COCO

责任编辑 / 熊　勇
封面装帧 / 王　灿

出版发行 / 文匯出版社
上海市威海路755号
（邮政编码200041）
经　　销 / 全国新华书店
排　　版 / 南京展望文化发展有限公司
印刷装订 / 上海颛辉印刷厂有限公司
版　　次 / 2020年11月第1版
印　　次 / 2020年11月第1次印刷
开　　本 / 880 × 1230　1/32
字　　数 / 150千字
印　　张 / 7.125
印　　数 / 1 – 5000

ISBN 978 – 7 – 5496 – 3355 – 5
定　　价 / 48.00元

目录

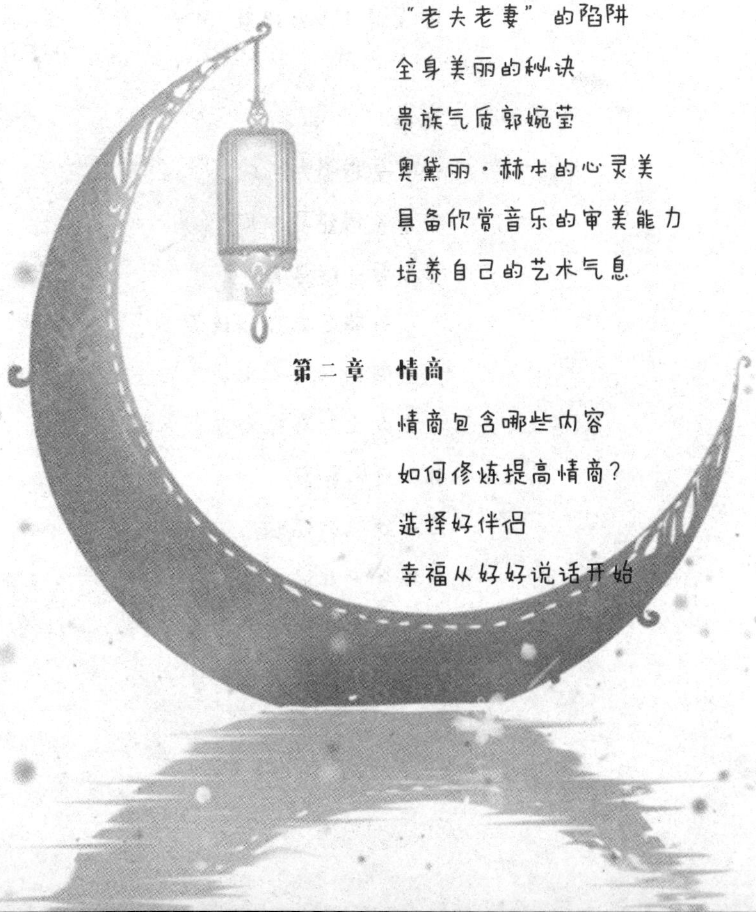

第五章　性商

第六章　财商

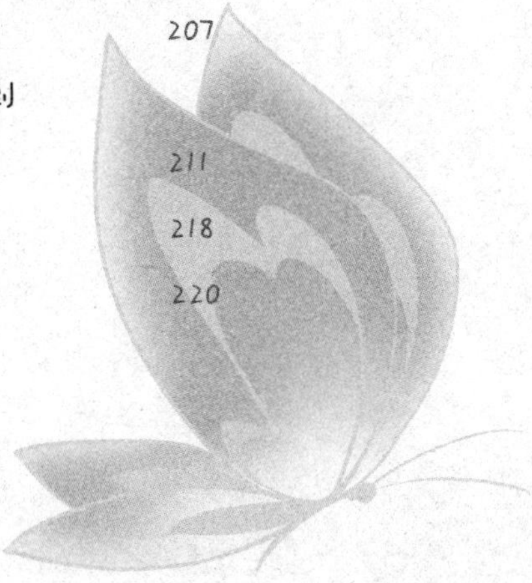

第一章 美商

美的启蒙

美的使命

为什么要培养美商？

中国美人杨澜

“老夫老妻”的陷阱

全身美丽的秘诀

贵族气质郭婉莹

奥黛丽·赫本的心灵美

具备欣赏音乐的审美能力

培养自己的艺术气息

最近，我又重温了一遍《西西里的美丽传说》，尽管此前已经看过了，但还是再一次被玛莲娜的美所打动。影片中，“她，撩着波浪状黑亮的秀发，穿着最时髦的短裙和丝袜，踏着充满情欲诱惑的高跟鞋，来到了西西里岛上宁静的阳光小镇。她的一举一动都引人注目、勾人遐想，她的一颦一笑都教男人心醉、女人羡妒。玛莲娜，像个女神一般，征服了这个海滨的天堂乐园”。

电影中最美的一个镜头是：炽热的阳光下，地中海吹来的海风夹着咸咸的味道，阳光打在她的发梢，海风吹动她的裙摆，她静静地站在那里，款款地朝你走来，点上一支烟，从头发到高跟鞋，全都散发着性感的味道，所有的男人都为她臣服……最令我记忆犹新的一句台词是，律师为玛莲娜辩诉时说的那句话：“她有什么罪过？她唯一的罪过就是太美丽！”是的，玛莲娜太美了，这个女人让整个城市的人都心跳加速。她几乎满足了所有人对意大利最美好的想象。

没有人敢给优雅下定义，它是一种感觉，一种气质，一种让男人和女人都会着迷的魅力。玛丽莲知道自己的美丽，所以她出门前总精心地打扮。但也毫不张扬，总穿着白衣素裙，走路时眉眼低垂，一大把黑发不经修饰地披散在风中。当她行走在街道上，就是一个行走的尤物；当她静坐于屋内，就是一幅美妙的油画；当她靠着椅背晒头发，当她披着一头金发抽着香烟时，女性极具诱惑的魅力发光发亮到了极致。

电影的结局，已过中年的女主角回到这个镇子，多年前因嫉妒妄加诋毁她的妇人们，竟对她十分友好，为什么？因为她们说："她眼角也有皱纹了。""她好像胖了点。"……她已没有当年明艳照人，看起来不那么耀眼夺目，跟自己一样"正常"，于是便可以做朋友了。

美的启蒙

我不禁思考，到底什么是美？大学有一门科目叫作美学，认真来说，美学是哲学之一，它与心理学、艺术、文学、伦理学都有密不可分的关系。现在社会的多元化包容性日益加强，用统一的标准判定皮囊，是否太过退步，而美的内容，也不该是让人嫉妒排挤，美，应该让人心生向往，最终让自己变得更好的力量。

在生活中，越是交往有教养的女人，越会发现她们美得各有千秋。长得漂亮是优点，可千万不要把它当作最大的优点，那反而会变成缺点。我始终认为，长得漂亮不是自己努力的结果，与你的选择毫不相干，不是你能力的结果，要感谢的是父母，而智慧、教养、举止、谈吐是可以选择的，这些美才是你后天能力的结果。

我生活在一个非常保守的家庭里，小时候我不爱美，或者说，我根本不想美，我甚至希望自己是男孩子。我出生的那一天，产房外的长辈们围坐一团，听到我妈妈生下我这个女孩时，像电视里演的一样，以爷爷为首的大家转头就走，就连妈妈也有些难为情，生了女孩自己脸上无光。从小我就感受到一种可惜、无奈的对待，可惜我是个女孩，可惜是个要嫁出去的女儿，可惜第一胎不是男孩，只能再拼一胎了。这些情感我能感受得到，我很希望自己是个男孩，还在乎什么女孩可爱的形象呢？我常常和男生玩在一起，组队玩男孩子的游戏，上山下水，打架摔跤。

女儿大概都会经过偷擦妈妈口红，扭扭歪歪试高跟鞋，偷穿大人连衣裙的阶段，而我没有。我不晓得美这件事，没有见过妈妈长发的样子，也更没有感受过她的柔软，我就像男孩子般地长大成年了。说起来，让我第一次对女孩子的美开始有概念，竟然是在20岁以后。那年我22岁大学刚毕业，参加工作后我遇到了一个很喜欢的男孩子，爱情就这样开始萌芽了，在爱情里面的我总是很投入，全身心地付出。

记得那是一个四月天，他坐车来看我，我们害羞地聊着天，试探着了解彼此。送走他后，我在回家的大巴车上望向窗外，那是一个美丽的下午，马路两边开满了油菜花，我想着他，看着美丽的世界，嘴角不自觉甜蜜地上扬着，体会着这份爱情的美好。

从那以后只要有时间，我就会去相邻的城市探望他，每次我都要坐两个小时的大巴车过去，为他买菜做饭洗衣服。他的钱我不舍得花一分，我总说要留着以后买房子住，对于女人来说房子就是安全感吧，我想要一个属于自己的家。每个周末和他在一起的时光，都让我非常有安全感。记得有一次我到那里，他还没有回来，我帮他洗好了衣服晾在阳台上，我双手杵着下巴，在阳台上看着天空和飞来飞去的小鸟儿。床单飞扬着，还有着清香的肥皂味儿，我想这就是我要的生活，和我爱的人简单地过日子。

这时22岁的我还一直保持着处女之身，事实上直到结婚我才开始尝试云雨情。妈妈给我的根深蒂固的传统教育，深深地植入在我的潜意识里，她告诉我女孩要自重，回想起来我也很感激我的男友，他尊重我的选择，也从来没有提出过分的要求。我们就这样热恋了半年，半年后的一天他来我的城市相聚，我欢喜雀跃，沉浸在爱情里面。没想到这一天也成了我们的终点，在游乐场正玩得开心排队的时候，我无意间看到他的手机短信，写着“为什么不接我的电话”“我很想你”。我的心一下跌到了谷底，吃了一半的食物变得难以下咽，我不敢问他，我害怕是我想象的结局，我不想离开他，害怕失去他。

傍晚在散步时，我们还是忍不住把这件事情摊开来说，果然他们已在一起了，并且已经发生了关系。那时的我很慌张。不知该怎样面对，我不敢看他，也更不好开口挽留他。对于那时自卑的我来说，如果被他提分手，我会更受打击。回想起来，要感谢他的善意，没有伤我的自尊心，尽管冷处理、隐瞒这样的方式并不智慧，但他一直在等我开口说分手，我说了，于是就结束了。记得他跟我说的最后一句话是："有时间好好打扮一下自己。"

这句话一下子撞进我的心里，他转身走了，我看着他的背影变小，变成影子，变成一个点，然后消失不见。我低头打量着自己的衬衫、牛仔裤、平底鞋、短发。我永远都是这个样子，我没有想过打扮，我也不会打扮，在外貌上我似乎没有太多的变化。那时我从事公安工作，每天一样的制服，规律的生活，不管做什么活动，总是差不多的装束。虽然感情受挫，我要谢谢他这一句话提醒了我。回到住处后，有一天我在广播中听到了有关"色彩搭配"这个行业，我很惊喜，还有这种职业？我开始想象，如果换一种活法，是怎样的日子？如果可以更美，我会是什么样子？我的心中至此埋下了一颗美的种子。

美的使命

我庆幸在年轻的时候就知道要让自己变得更完美，因为当我从事帮助女性打造形象的职业以来，我遇到太多直到年老才意识到自己该改变形象的女性，面对她们我觉得可爱又有点可惜，其中有这样一位姐姐在我的心中留下了深深的印记，每当想起她的故事，我总是会湿了眼眶。

那是一位六十多岁的阿姨，她做了半辈子的班主任，现在已经退休了，她的样子朴素大方，脸上就写着“善良、平凡”几个字，我能想象她应该是一位脾气很好的老师。她说儿子在加拿大读书，娶的儿媳妇特别漂亮，两个人定居在加拿大，生活过得现代又时尚，把儿子培养成才她很开心，同时她又发现自己好像开始有点落伍了，她已经十年没买过新衣服了，不知不觉跟子女的形象形成了很大的差距。她想让自己更年轻一些和孩子们打成一片。我很乐意帮她改造形象，她以前很少穿裙子，我把她深色的旧式衬衫和裤子全部换掉，换成了淡蓝色、白色的裙子，搭配暖色系的上衣，又带她做了头发，买了口红，化上了淡淡的妆。那天晚上她照着镜子看着自己的眼神都不一样了，她眼睛里放着光芒，开心地说：“COCO老师，我要是早点遇见你就好了。”形象的改变会带来自信，她开心度过每一天。过了一段时间，她和我说她身体不好了，现在正住院，每天穿着医院的衣服，她像小女孩一样跟我撒娇说：“我不想穿病服，我想早点好起来，继续跟你学习化妆穿衣服。”我也一直鼓励她，一定会好起来的，有段时间我突然想起她好久没有和我聊天了，平时她总喜欢拉着我问这问那，和我分享一些关于美的事情，于是我试着给她发消息：“最近怎么样？好久没听到你的声音了。”

她没有回我，第二天还是没有回我。我有点担心她了，又过了一天，收到了她的回信，我的泪水立刻夺眶而出，整个人呆住，手在颤抖，心如刀割一样地难受。信息是这样的：“COCO老师，我是××的儿子，我的妈妈昨晚已经过世了，我看过你给她设计衣服的照片，谢谢，她也曾经美过。”我用手捂住嘴巴看着这最后的一条信息，不敢相信这么可爱的一位姐姐，我们刚刚生命才有交集，她就离开了我。

这件事情给我非常大的触动，也正因此我立下了自己的人生使命，我要让每一位女性，每一位走进我生命当中的女性都活出美，活出潇洒，活出快乐，我要帮助我周围的所有女性绽放自己人生的精彩。

为什么要培养美商?

你一定知道第一印象很重要，不过也许你不够了解第一印象具体重要在哪里。据科学研究表明，大多数人想起一个人或谈论他时，第一印象都会深深地存在潜意识里并开始左右自己的想法，而第一印象的有限期长达十年。是的，你给别人或别人给你的第一印象会停留至少十年。那么，在了解这件事后你决定每天以什么样的姿态出现呢?

青春期时期，我情窦初开始于一段暗恋，他是我的老师，他个子很高，篮球打得非常好，总是穿着白色淡绿色的衬衫，斯文又绅士，声音温和，每次和老师说话都感觉到一种舒服的平和，在我心里他的样子就是童话里王子该有的形象。有一次我们一群女生围在老师周围，我不小心差点跌倒，老师温柔地摸摸我的头说:“细心一点。”这一个温暖的举动让我一直记到现在。每次和老师的交流都让年少的我小鹿乱撞，中学毕业时我没有拍毕业照，可为了能有老师的照片，我特意跑去照相馆洗了一张全班的合影收藏了起来。你看，这位老师给我留下的美好印象，直到20年后现在回想起来还是那么清晰珍贵。

美商是从个人到城市到国家都需要打造的一种力量。

城市需要美商。在日本有个熊本县，之前它只是个普通的县城，自从打造出了熊本熊，因为外表可爱招人喜欢便扬名海内外，每年慕熊本熊之名而来熊本县的游客一年可为当地增加千亿日元收入。

国家当然更需要美商，我们常常看到关于欧洲的旅游影片，传递的都是“慢生活、后花园”的概念，提起欧洲我们都会想到“河畔、小镇、咖啡、鲜花”这些美好的词汇，这就是主动打造美商的结果。

英国王室的穿着更是优雅英国的移动广告，伊丽莎白女王从帽子、丝巾、套裙、丝袜、高跟鞋、手提包，甚至雨天时打的伞都是同色系，英国王室及整个民族倡导的贵族风，优雅的礼帽、套装裙，历经千百年形成了他们独特美的风格。

彭丽媛女士也为我们的伟大祖国完美展现了“软实力”，每次出访的服装都秉承了彭丽媛女士一直以来简洁大方的风格，当然，细节上也均体现出中国传统元素，可以说在不经意间完美“代言”了中国风。一次出访英国，五天的行程中，彭丽媛女士仪态万千，英国《每日邮报》在报道中，甚至专门有一篇文章盘点了她的服饰，评价其“高雅、迷人”，着实为国家加分。

中国美人杨澜

提起美，我最先想到的第一个典范总是杨澜的形象，作为中国申奥大使，她无疑是中国女性美的代表，我很喜欢她说的一句话，这句话影响着我每天在形象上对自己的约束，杨澜说："没有人有义务通过你邋遢的外表去了解你的内在美。"读到这里的女孩们，我建议你不仅要记住这句话，我更迫不及待地想跟你分享她在意形象的这段故事给我的启发。

据杨澜自己讲述，早年在异国读书期间，房东太太莎琳娜是一个极其苛刻的中年女人。杨澜回忆说："她不但规定自己必须十二点之前熄灯睡觉，而且还规定我必须在十分钟之内从浴室出来，规定我如果不穿戴整齐就不准进入她的客厅，不准我用她的漂亮厨房做中餐，甚至规定在她有客人来访的时候我必须涂口红！"习惯中国式朴素即是美的杨澜，一度非常讨厌莎琳娜这种所谓的英伦女人的尊严。令人想不到的是，同租一屋檐下的其他房客，却都说莎琳娜是最好的寄宿房东。唯独杨澜看不出她好在什么地方。因为很多次杨澜面试失败回来后，厨房里一点吃的都不会有，并且如果她上楼发出声音，莎琳娜太太则会站在卧室门口指责她。

有一次刚刚洗完头发的杨澜，邋遢地坐在床上一边翻看报纸的招聘信息一边吃带回来的面包卷，这是完全违反房东原则的行为，令莎琳娜直接冲上前来，一把夺过杨澜的面包和报纸，用英文大吼："你这个毫无素质的中国女孩！从我的家出去！"二十五年来，杨澜以非常漂亮的成绩和能力一路所向披靡，几乎从来没有人说过自己没有素质。房东太太的激烈言行使杨澜感觉受到极大的侮辱，而这也直接导致杨澜第一次正面思考"以貌取人"为何在这里是一个正义的词语。一气之下，衣装不整的杨澜愤怒地冲进了一家咖啡馆。天气实在太冷，咖啡馆里的人很多。侍者以一种奇怪的眼神把杨澜引到一个空座位边，那是咖啡馆里唯一的空位。坐在杨澜对面的是一位英国老太太，她看起来比莎琳娜更加讲究，就像伊丽莎白女王一样尊贵与精致。这让杨澜不由得下意识地收起自己宽松睡裤下的运动鞋。落座的那一刻，杨澜看见了她裙子下穿着丝袜和漂亮高跟鞋的脚，以她这样的年纪，却仍然把这样的鞋子穿得非常迷人。

在欧洲的很多高级餐厅里，衣衫不整是被拒绝进入的。杨澜这才意识到，自己之所以能进来大概是因为穿了价值不菲的大衣。渐渐地，杨澜收起自己的愤怒，说："给我一杯热咖啡。谢谢。"侍者走开后，对面的老太太也并没有看她一眼，而是从旁边拿了一张便笺写了一行字递给杨澜：洗手间在你的左后方拐弯。杨澜抬头看她，她正以非常优雅的姿势喝咖啡，依旧没有看杨澜半眼。如此细小的眼神，让杨澜的尴尬难以言明，这让杨澜第一次觉得不被尊重是应该的。

当杨澜再回到座位的时候，那个老太太已经离开了。那张留在铺了细柔格子餐桌上的便笺多了另一句漂亮的手写英文："作为女人，你必须精致。这是女人的尊严。"看见这句，杨澜逃也似的走出了那家咖啡厅。回家后，莎琳娜竟然坐在客厅里等着自己，一见杨澜就立马严肃地说："你已超过了十二点十分钟才回来，所以明天你应该帮忙清洗草坪。"接受了内心洗礼的杨澜，不仅答应了她，而且还向她道了歉。至今，杨澜都还依稀记得当时自己落魄的样子："我的头发被风吹得非常凌乱，我的鼻子旁边甚至还沾了一点面包屑！那是我第一次看不起自己，这样的打扮，我有多不尊重自己，以致使别人觉得我也不尊重她们。"

随着阅历的增加，杨澜坦言莎琳娜教了自己许多同样有用的东西：十二点之前睡觉能让我第二天精神充足，穿戴整洁美观能让别人首先尊重我，我开始感觉到自己的自信非常充足而有了底气，我不再希望别人仅仅通过看我的简历来判断我是不是有能力。

如今提起杨澜，你不会把她与青涩、邋遢、不修边幅这样的词联想在一起，成熟干练、优雅大方的她现在是国人心中名副其实的气质女性。能有今天的成绩，杨澜发自内心地说："作为女人，你必须精致。"看到吗？不要担心你没有美的能力，如果你不知道如何开始，我建议第一步是"决定"，决定自己开始变美，决定开始行动，就是变好的开始。

"老夫老妻"的陷阱

我从事形象管理十几年，现场听过我演讲的女性学员超过

30万人次，我尤其要和我的读者分享的是，不要被“都老夫老妻了”这种听似很深情的话给骗了。我亲耳听见一位医美行业老板跟我分享，她的客户中，尤其是年纪稍长的女性顾客，七成以上是因为先生在外面有了风吹草动，自知败下阵来才来修复青春。更有许多女性以为自己一门心思照顾老公孩子，沉浸在相夫教子的自豪感中，直到吵架时先生脱口而出的“黄脸婆”才让她想起照镜子。客观想想看，视觉、听觉、触觉吸引力逐渐下降，夫妻感情变弱并不是太难理解的事情？娶你的时候你是白月光，现在却成了粘在衣服上的米粒子，为什么现在才想起来管理形象？让我来问问你，一颗苹果想要保鲜是新鲜的时候放进冰箱，还是快烂掉了才想起放冰箱？相信这个比喻会让你明白我想表达的意思，一定要在自己还年轻的时候开始注意自己的形象。

我有一位学员王太太，通过好姐妹的介绍找到我。她说她和先生两个人感情一直非常好，已经结婚有七八年的时间，也有一个可爱的宝宝，可是最近一年她发现丈夫好像与自己的关系有一点疏远了，以前丈夫常常带她出去玩，或者和朋友见面参加聚会，而近一年几乎没有，她不知道问题在哪里。我详细问了她的家庭情况，她的先生经营着一家非常不错的公司，近几年事业逐渐做大，身家千万，而社交层面也开始不断变化，我看了看她的形象大概知道到底是怎么回事，但是我没有说破，而是介绍她安心地听了我整个三天的形象打造课程。

那次见面她穿着休闲裤黑T恤，一头短发戴着一个黑框眼镜。看起来就像是位严厉的班主任。改造形象时我拿掉了她的眼镜，陪着她去接了长发，化起了淡妆，更把她千年不变的牛仔裤换成了长裙，又搭配上了白色的高跟鞋。魅力改造后，我把她带到大镜子面前，她自己都露出了满脸的惊喜。结束后回家的当晚，我已经洗漱完毕，准备入睡了，收到她给我发来的信息："亲爱的COCO老师，我特别谢谢你，回家之后老公的眼睛都直了，他说看到了我们俩8年前刚认识的样子，真的谢谢你，费心了。"对我来说没有比这更开心的事情了，注意保持形象的她从这以后和丈夫又回到了最开始的甜蜜期，本来感情就不错的两个人，此后更是经常成双入对出现在各种社交场合。我替她感到开心，又恢复了在丈夫心里面的女神地位。不是说女性不注意形象就一定不能维持感情，但努力地改变下自己而更幸福，何乐而不为呢？看到女孩子因为我而改变，这是我在做形象管理时最有成就感的时刻。

有位心理学家说过，男性有一种很奇怪的心理，他们一方面希望女性为了他们改变自己，另一方面又希望女性能守住自己的本色，不过两者相比较起来，男性更希望认识的是女性的本来面貌。很简单，男性都不希望自己判断有错误，他对自己做出的决定很有自信，因此如果女性能表现出自己独特的魅力，那么他们就会为之倾倒，而且暗自为自己做出的正确决定而高兴。此外，很多人认为男性容易见异思迁，其实男性只是冲动性的，想要获得新鲜感，他们更渴望得到的是女性那种让自己永远着迷的魅力。

古人说："士为知己者死，女为悦己者容。"在取悦爱人之前，你更要首先取悦自己。回忆我在带三个孩子的日子里，每天早上光三个孩子起床穿衣服这件事就要忙得我出一身大汗，接着准备早餐，整理好各自的书包，等待不同时间的校车，你可以想象得出，那样的早上有多么忙碌。偶尔早上太忙碌素面朝天地送孩子上学，我发现我不好意思抬头和别人目光相对。我总是低调地走，希望全世界不要发现我。几次以后，我开始要求自己，只要出门就一定装扮整齐，当你打扮精致时，你看待镜子里自己的方式会不同，把自己放在主角的位置，我相信我们每个女人都是点亮这个世界的风景。

个人如此，集体更是如此。我在某大型国企演讲如何做员工形象管理培训时说，员工的形象就是企业的说明书，如果你不重视自己的仪表，那么你的外表就是在告诉别人："我的公司不寻求卓越，我不追求品位，就像我们不在乎自己的形象一样。"请不要忘记，职员的形象也是公司的广告牌。不能够展示出高度职业化的形象，就等于向客户宣告："我们不能满足你们的质量和服务要求。我们没有高度的职业素质，我们不在乎你们的满意度，我们的产品和服务都不可靠，你们可以付低价。"糟糕的职员形象严重地损害、破坏公司的形象。这些都在告诉我们，如果总裁和员工能够表现出高人一等的形象，客户情愿为这些优秀的公司形象而付出更高的价格！所以，形象提升不仅可以塑造企业形象，提高客户与合作者的满意度和美誉度，并能最终达到提升企业的经济效益和社会效益的目的。

设想一下你是老板，今天要带一位助手去谈生意，在能力差不多的情况下，你会不会选择外表更整洁的一位员工呢？在职场上，一众新人里，形象往往是和能力并重的，因为它更直观，形象代表着你对自己的要求，你做事的标准。哪怕小孩子也会因为喜欢哪个老师的形象而会认真听这门学科。

总而言之，社会会暗暗地给你分出段位，你想做大众女人、精品女人，还是极品女人？

全身美丽的秘诀

一、呵护颈部

我想跟各位女生说的是，千万不要以为脸蛋漂亮就可以了，女人的精致是从头到脚的，越有品位的人越注重细节。你化妆只化脖子吗？你有没有化完妆脖子和脸部两个颜色的情况？那可就太尴尬了！除了面部，我认为其次重要的就是脖子，轻撩长发，轻抚脖子，是女性非常迷人的时刻，不过你会保护你的脖子吗？

脖子是需要水分的，有了水分颈部的皮肤才能时刻保持光滑。建议女性每次给脸部敷完面膜的时候，不要直接将面膜扔掉。而是将面膜揭下来之后，再敷在颈部的皮肤上，这样可以为颈部的皮肤补补水哟。不要觉得这样做不卫生，因为往脸上敷面膜的时候，脸部已经清洗干净了，并不会脏的。再说了，一张面膜纸的精华液往往有很多，脸部并不能完全吸收，所以敷完脸再用来敷颈部，完全是可行的哟。

如今很多女性都喜欢用香水，因为这样能够让身体散发出吸引人的香味。不过我要提醒大家，喷香水时，最好离远一点喷洒，避免香水直接喷洒在颈部的皮肤上，理由是部分香水中是含有酒精的，当它挥发时，同时会将颈部的一部分水分带走。如此一来，颈部水分不够的话，就容易变得干燥，最终皱纹就将不断爬上你的颈部了。

很多女生防晒的时候，往往只注重脸部，却总是忽略颈部。要知道颈部也是暴露在阳光下的，晒伤的可能性也就特别的高。想必没有女生希望自己的脸部颜色和颈部的颜色差好几个色号吧。所以说，女人们要学会让颈部防晒，出门的时候别忘记颈部也是需要涂抹防晒霜的。另外，也可以学会给自己的颈部系上一条丝巾，不仅遮挡阳光，也能给全身的装扮加分。

二、彻底卸妆

很多女生忽视卸妆的重要性，以前的我就是这样，有时太累了倒头就睡，忘记了护肤，化妆是在给我们的面部皮肤形成一道保护屏障，从而可以隔绝掉空气中的灰尘、垃圾，但是如果我们不卸妆的话反而会伤害到我们的面部皮肤，因为化妆品会堵塞我们面部皮肤的毛孔，从而引发各种皮肤问题，比如出现痘痘、粉刺等。

我想提醒大家：首先，卸妆时千万不要想着能用纸巾代替化妆棉，纸巾相对于化妆棉来说质地还是硬了很多；其次，使用纸巾来卸妆反而会使彩妆深入角质层，会使肌肤红肿粗糙，久而久之还会造成色素沉淀；最后，卸妆前脸不能沾水，很多妹子在卸妆前喜欢用水先把脸打湿，其实这是错误的！卸妆前脸部如果已经是湿润的状态，那我们再使用的卸妆产品就会被水稀释，从而没办法达到最好的卸妆效果。同时注意卸妆的动作不要过于粗鲁，不然会伤害到我们面部皮肤的肌理。卸完妆以后使用洁面产品洗脸，要选择适合自己肤质的洗面奶。洗完脸以后就要进行补水保湿工作，避免脏东西再次进入我们的面部皮肤。

三、迷人美背

在我们的文化里，在大街小巷看见露背装不是那么常见，因此很多女性朋友把所有的努力都放在了脸上，而事实上，保养背部也同样重要！

要“露”得刚刚好，不想落于俗套，就要另辟蹊径。一个好看的背影并不弱于一个漂亮的正面。所以你必须精心呵护你的背部形象，因为那才是你的美的精髓所在。所以露背装总和高级感联系在一起，相比起“露胸”，“露背”一直是时尚界的最高法则，如果对前胸的裸露偶有不适，把后背露出来就不会有这种困扰，夏天是清凉的季节，不少爱美的女生都喜欢在夏天穿一些露背装，清凉又好看。女性背影是一道靓丽的风景线，一个背影就能读懂一个人的心声，让我们走进她们的内心，感受她们的内心世界，实际上女性的后背更能打动男人的心，因为每个女人都有一种不一样的气场，后背散发的魅力是独有的，给人的感受不仅仅是视觉上的冲击，更是利用女性身体本身的气场来触动异性的心。

四、纤纤细手

我们都听过“手是女人的第二张脸”“手会体现一个女人真正的魅力”……这样的字句日复一日地出现在美容杂志和女性报刊上。拥有一双温香玉软、十指纤纤的玉手成了很多女性共同的梦想。其实手的护理非常简单，只要求“勤快”。

首先常备润手霜，选润手霜也有讲究，如果手背肌肤有紧绷感觉及少许细纹，宜选用一些性质较温和、含甘油、矿物质的润手霜；如果肌肤出现瘙痒、脱屑状况，则属敏感干性肌肤，宜选含有薄荷、黄春菊等舒缓成分及甘油等滋润剂的润手霜。你也可以为双手选定几副专用的手套，在提过重的东西或搬运粗糙物品时，须戴上厚实耐磨的劳动手套；接触刺激性液体，如洗洁精、洗衣粉液之类时，须戴橡胶手套；寒冷天气外出时，则应戴上质地柔软的保暖手套。

在看电视或闲暇时，不妨做一些简单的手指操，比如模仿弹钢琴的动作，让手指一曲一张地反复活动，可以锻炼手部关节，健美手形。

五、健康减肥

减肥是女人永远的话题。我建议大家不要盲目相信减肥产品，往往见效快的多半是某种药效在起作用，减肥一定要少吃多餐，干湿分离，建立在健康的基础上。首先一定要吃早餐。早餐是每天的活力来源，若不吃早餐，便会整天没精打采，对身体亦不健康，且白天活动多，比较容易消耗卡路里，假如在晚间多进食，反而较易令人肥胖。很多人为了快速减肥，就会轻信网络上所说的多吃蔬菜、不碰油脂的方法，即使在外就餐也只吃蔬菜沙拉，连酱料都不会去碰。是的，这样子可能一周就瘦2公斤，但其实你会发现很难坚持下去，因为你的手脚会经常性的冰冷、畏寒，生理期腹部也会很不舒服。事实上，大家在减肥期间可以尽量选择高品质油来吃，高品质油不但对于我们抗炎症、抗过敏有帮助，还能调节我们的免疫系统。当你为了减肥连蔬菜都不过油，你就减少了吸收油脂的机会。油脂摄入少了，荷尔蒙就产生得越来越少，胆固醇也会越来越少，而胆固醇是形成雌性激素的一个来源。如果雌性激素少了，月经就会开始紊乱，严重的甚至会导致不孕。

一项医学研究发现，如果女生做了30分钟的运动之后一整天都没有再做任何运动，一直静坐，甚至连站立的时间都没有，那么到了晚上，她身体的胰岛素抗性和发炎指数跟没有做运动的人是一模一样的。也就是说，即使你已经养成了每天运动半小时的习惯，但日常还是要增加站立的时间，这不但使发炎指数会下降，同时燃烧脂肪的酵素也会开始起作用。甚至还有研究表明，每天站立3小时，瘦身效果甚至比跑马拉松更好。

如果你不小心前一天的晚餐吃多了，那么第二天的早餐和午餐的量你可以稍微减少一点来平衡，减少第二天摄取的热量，但是不要完全不吃。当你大吃大喝之后，油腻的东西进到肚子里面，胆囊会收缩，收缩之后，胆结石就会堆积，可能会影响到胰脏发炎，毁坏代谢系统。肝脏是人体最大的解毒中心，如果我们胡乱断食，一天下来只喝水的话，肝脏里的毒素就会在身体中乱跑，对身体造成更大的伤害。如果真的有必要断食，建议采用蔬果断食法，因为蔬菜和水果能帮助我们的肝脏解毒。

关于水果减肥，我想跟你分享。水果的确是很好的东西，但如果把水果当正餐，当成是唯一的食物的话会更容易使人发胖。如果你只吃水果，那你就无法摄取蛋白质，可是只有蛋白质才能让我们的皮肤再生，让我们的免疫系统变好。过多摄入水果里的糖分会抑制脂肪的代谢。

最后我想告诉你我的一个小秘诀，吃东西一定要干湿分离，这让我怎么吃都不胖！顾名思义，就是干的食物和湿的食物分开吃，先湿后干，如果这一餐你想喝汤，那么先喝完汤再吃主食。千万不要干湿一起吃，或者吃完主食再喝汤，这两种吃法食物都会在胃里、肠道里发泡变大，不仅不易消化，还撑大了胃让你的胃口越来越大。女孩们，你记住了吗？

贵族气质郭婉莹

我很欣赏郭婉莹的人生故事，到底什么是气质？是沉鱼落雁的容貌，是饱读诗书的智慧，还是举止大方不落俗套的礼节？上海最后的贵族——郭婉莹小姐，她的内在和外在，完美诠释了中国式的美。

郭婉莹是上海永安百货郭氏家族的四小姐，她出生在澳洲，父亲郭标是靠倒卖水果发家的富商，母亲是富商马氏家族的千金小姐。6岁时她随父亲回到了大上海。25岁时，她不顾家人反对嫁给了有才有貌的丈夫。婚后，她遭遇丈夫出轨，生孩子时难产而丈夫居然在外风流不归。把丈夫拉回身边后，她有意识地独立起来，做起了自己的服装事业。

新中国成立前，她曾有机会离开大陆，但她选择了婉拒。大运动时期，她的家产被没收，丈夫死于狱中，她则被下放劳动。撑过"文革"后，她终于迎来了平静的生活，1998年去世，享年89岁。

她被称为上海最后的贵族，她受过良好的教育，读的是贵族学校——中西女塾，和宋庆龄、宋美龄、张爱玲是校友。这所名校对学生的管理非常严格，某些礼节教育更是追求细节：要求所有学生在校一律不能佩戴首饰珠宝；自己的床铺、起居用品必须收拾得一丝不苟；如果要在走廊上交谈，必须站在一侧，不能妨碍他人行走；等等。中西女塾的校训，是简单又朴素的六个字：成长、爱人、生活。由于战乱的原因，郭婉莹家族家道中落，她从锦衣玉食的小姐变成平民，生活拮据。郭婉莹找了份工作维持生计：替报纸拉广告。全家最困难时，他们一家因为交不出房租住在小巷子里，但很快的，人们就发现她的与众不同。即使是在很窘迫的情况下，在胡同里杂乱的生活中，依然还能看到她"穿着旗袍刷马桶"，甚至在睡眼惺忪下楼给家人买早餐的时候，也依然穿着得体，头发梳得整齐盘起。她的神情和言语举止让人觉得，她从来不会感受到慌张、低落或颓废。

纵观郭婉莹的一生，令我最服气的，是她笑对苦难的态度。郭婉莹说过一句话："反复抱怨是不优雅的行为。"当年丈夫出轨时，她没吵没闹，而只是悄悄把他带回了家，细心给他做餐点。原谅出轨丈夫不一定值得赞赏，但这种"不抱怨"确实也显得特别难得。它展露出来的，是一种"我的人生我负责""我的选择我买单"的气度。

郭婉莹很喜欢《波丽安娜》这本书，并常常用书中的话告诉自己的孩子："我永不相信我们就应该拒绝痛苦、罪恶和不适，我只不过是想，先愉快地迎接不知道的将来，要好得多。"女人应该谨记一条真理：岁月流逝中不要亏待自己，爱自己是第一要事。

奥黛丽·赫本的心灵美

我时常想起一位我很尊敬的姐姐，她有一个了不起的特质，就是能让任何靠近她的人感到舒服和快乐，她就像一碗水，能接纳包容所有靠近她的事物，但她同时并没有委屈自己，她只是真正地发自内心地去爱别人，只要你和她一起相处过，哪怕就一个小时，你也可以感受到她的爱意和体贴。有一次我问她为什么不打耳洞，她说小时候听长辈说这辈子不打耳洞，下辈子可以做人间的天使，小小的她听进去了，她决定做那个温暖大多数人的天使，尽可能帮助更多的人。我想这种发自内心最善意的美，是为大美也。

奥黛丽·赫本离世已近30年，为什么她的美，仍然继续风靡整个世界？我想除了小巧精致的五官，让后世更多赞美的是她的内心美。奥黛丽·赫本1993年离世，回想那一年，霸王别了虞姬，唐伯虎点了秋香，李连杰当了教主，张曼玉化身青蛇，周星驰还在逃学。1993年，在那个纯真年代，费城有了点故事，西雅图变成了未眠夜，窈窕的却是奶爸，修女又再疯狂。1993年1月20日，在世界电影一如往昔的繁荣中，一颗巨星陨落了，到如今已27年。每当响起《Moon River》熟悉的旋律，音符总会勾勒出她坐在窗台手弹吉他，用略带沙哑的歌声细腻倾诉的形象。

奥黛丽·赫本。23岁成为奥斯卡最佳女主角，一生中获得过5次奥斯卡最佳女主角提名。曾被有“时装圣经”之称的时装杂志《VOGUE》评为“世界时尚名人”第一名。被时尚杂志《ELLE》评选为“有史以来最美丽女人”第一名。CCTV人物录中的“20世纪最完美的女演员”之一。人们穷尽脑汁地用世间最美妙的辞藻来形容赫本，直到词穷也找不到一个最为贴切的词，最后只能归结一个“美”字，世上美人何其多，为什么偏偏只她风靡了整个人世间？

我觉得奥黛丽·赫本的母亲对她的影响是非常大的。奥黛丽·赫本的母亲原本是一位贵族小姐，从小受的就是贵族教育。因此她对奥黛丽·赫本也是按照自己的标准来培养的，虽然后来奥黛丽·赫本家道中落，但是她的母亲依然没有改变对奥黛丽·赫本的教育方式，让她保留良好的生活习惯，学马术、欣赏美术、听音乐会、举手投足如公主般的高贵优雅。我觉得奥黛丽·赫本的气质是在母亲的熏陶下培养出来的。第二，我觉得让奥黛丽·赫本的气质异于常人的原因，就是她的母亲在奥黛丽·赫本小的时候就让她去学跳芭蕾。芭蕾是一种特别优雅的舞蹈，跳舞本来就会让一个人的体态和气质升华，更何况奥黛丽·赫本学的舞蹈还是芭蕾。我觉得奥黛丽·赫本能开发出她那样的气质是和她从小就学芭蕾这件事脱不开的。

然而让我意外的是，曾与奥黛丽·赫本共事过的人，绝大部分在回忆中都提过，在片场或者私下里，她从不觉得自己有多美貌，她的表现总是那么自然不修饰，从不刻意去炫耀美貌，她对自己的外貌不像其他女演员那样在意，也不想让自己在公众场合过度招摇引人注目。这样的她反而吸引了更多人的目光，但她自己浑然不觉。她的儿子肖恩写道："她基本上是不安全感很重的人，而这种不安全感却使人人都爱上了她，她是看不见自己光芒的星星。"

奥黛丽·赫本晚年怀着极大热忱投身慈善事业，仙女般的容貌和充满爱心的灵魂在她身上完美融合，她的爱心与人格犹如她的电影一样灿烂人间。1988年，赫本受邀出任联合国儿童基金会慈善大使，足迹遍布亚洲、非洲和拉丁美洲，亲眼见证了儿童们的生存状况，她竭尽全力为孩子们呐喊、呼吁和募捐。"我当年离开影坛是因为我要照顾我的孩子，现在我又回来了，义无反顾，但仍然是为了孩子。”“这里不需要观众的掌声，不需要戏装，只需要你的心，你伸出的那双援助之手。”这些都是赫本的肺腑之言。1992年，她在索马里看望饥饿的儿童们，那时的她已经瘦弱不堪，回美国后便被诊断出罹患癌症。

在成为亲善大使期间，她需要到各地旅行去关注那些贫苦的孩子。基金会会支付她的旅行支出，但是机票和食宿都是较低的标准，需要多次转机才能到达目的地。除此之外，她所去的地方不仅极度贫穷，而且流行病充斥，肝炎、疟疾、脑膜炎盛行，即使打过疫苗，依然存在很大风险。但是赫本毫不在意，全心投入其中。她的影响力比以往任何的一位亲善大使都要大，她马不停蹄地去看望孩子，参加记者会、访谈、公益节目，工作量甚至比以往拍电影时要大得多。即使这样，她也没有停步。赫本热爱自己所做的一切，她把施与当成生活，如果不想再施与，就没有生活的目标。

这大概就是赫本能够成为世界人民心中最美女性的原因吧。美丽的外貌，独特的风格，良好的教养，优雅的态度，灵气的表演，关怀的大爱……在年轻时，她发光发热，颠倒众生；年老时，她依然绽放独属于自己的光芒，温暖这个世界的困难者，带给世界善良的力量，去世的前一天，儿子肖恩问赫本有没有什么遗憾，她说：“没有，我没有遗憾……我只是不明白为什么有那么多儿童在经受痛苦。”1993年1月20日，奥黛丽·赫本病逝。伊丽莎白·泰勒曾伤感地说，天使回到了天国。比利·怀尔德也曾感叹道，赫本被大家所熟知的典雅高贵和优美，已经随她而去。佳人已逝，风华永存。

《永葆美丽的秘诀》是奥黛丽·赫本生前喜欢的诗，诗里说:“魅力的双唇，在于亲切友善的语言。可爱的双眼，要善于看到别人的优点。苗条的身材，要肯将食物与饥饿的人分享。美丽的秀发，因为每天有孩子的手指穿过它。”优雅的姿态，来源与知识同行。在她的最后一个圣诞节，她把这首诗朗诵给了儿子们，在赫本的葬礼上，她的儿子们又把这首诗送还给了母亲。这首诗仿佛是赫本一生的写照，温柔善良，优雅亲切，然而她的美丽并没有因为她的逝去而终止。在赫本过世后，长子肖恩以母亲名字命名，成立了儿童基金会，在全球范围内继续着奥黛丽·赫本未完成的公益事业。在肖恩的经营下，奥黛丽·赫本儿童基金会拥有更为广泛的公益项目。在联合国儿童基金会纽约总部，竖起着一尊雕像，名叫“奥黛丽精神”。美人虽美，如同烟花般灿烂过，转瞬即逝后不留一丝痕迹。而奥黛丽·赫本的美始于颜值，忠于气质，陷于时尚，敬于灵魂。所以一个生动的她，自此如天使一般留在了每个人的心中。

美国电影艺术和科学学院将1988年奥斯卡人道奖授予她。1992年她被授予美国“总统自由勋章”。赫本被称为世界女性的典范，于1993年1月20日因乳腺癌病逝于瑞士，享年63岁。美丽的皮囊终会老去，优雅和善良却能长存。

具备欣赏音乐的审美能力

和我一起回忆一下，大部分国人的音乐启蒙，似乎都是小学开始的音乐课吧？小学我们学习识五线谱，画五线谱，参加合唱团。到中学时期，大量音乐美术课便被数语英填满了，也是从中学毕业开始，许多人的音乐欣赏之旅就达到终点站了。除了打开手机软件，播放流行乐，对着缠绵悱恻的歌词感叹生活情愫，你有多久没有认真的欣赏“音乐”本身？某天我从书店出来，耳机里播放着一首口水歌，旋律朗朗上口非常流行，歌词却是为了押韵而押韵，经不起考究。我按下一曲，巴赫的《G大调第一大提琴组曲》开始响起，前奏只响起两秒钟，我立刻感受到不同音乐的文化底蕴给我带来的截然不同的感受，那组曲子古典优雅，仿佛我已穿好有着大裙摆的晚礼服，等待绅士敬礼邀请我共舞。到底什么是音乐、音乐家？而为什么这些流传百年的曲子，即使没有词也依然撼动人心？

俗话说，“外行看热闹，内行看门道”。对任何事物若要入门，必须对事物有一定了解，否则只能在门外看热闹，而不能从其门而入。人们观看体育比赛，喜好的项目不一定相同，其重要因素是对运动项目的熟悉了解程度，对某运动项目一无所知，看了以后一定会感到莫名其妙，甚至索然无味。因为看不懂当然没兴趣，若对一些运动项目有所了解，知道他们的运动规律，懂得熟悉了比赛规则，则看起来就会津津有道、津津有味，因为看得懂就有兴趣，喜欢看不仅能看懂，甚至有时还得评头论足一番。欣赏音乐也是一样，对音乐的特性、音乐的构成要素、音乐的表现手段、表现方法等基本常识一无所知，那么对欣赏者来说，纵然有欣赏音乐的迫切愿望，也不可能有所得。马克思曾说：“对于非音乐的耳朵，再美的音乐也是没有意义的。”意思是说，要欣赏音乐，欣赏者必须具备一定的音乐知识和欣赏能力，要是自己有一对会听音乐的耳朵，才能在欣赏音乐的过程中有所得，才能真正享受音乐。

我认为欣赏音乐可以从这几点入手：

一、需要有一定的文化基础和修养

其实音乐背后的故事非常精彩，每一首曲子都是一部电影。音乐作为一门艺术和其他艺术门类一样，是一种表现形态，它反映着人们真切丰富的思想情感、客观真实的社会生活以及历史和现实中多姿多彩的大千世界。音乐作品所表现的是各个不同历史时期、不同社会阶层人们的生活、思想、情绪、情感等内容，有着广阔的表现空间和丰富多样的表现可能。可以说，音乐作品表现的内容涉及方方面面，包含着人们社会生活中的一切，有政治的、战争的、历史的、地理的、宗教的、世俗的，还有神话的和童话人物的。

例如贝多芬的第三交响曲，就涉及政治历史人物——法国大革命时期的伟人拿破仑。例如德国作曲家亨德尔所作的清唱剧“弥赛亚”是以宗教内容为主体、以圣经里的故事为题材的大型声乐套曲。又比如俄罗斯作曲家里姆斯基·科萨科夫所作的组曲舍赫拉查达。又名《天方夜谭》或《一千零一夜》，就是以广泛流传的阿拉伯民间故事内容所创作的。大部分音乐作品都会涉及音乐以外多种多样的知识，包括社会人文、科学、自然科学方面知识，这说明仅有一点音乐知识，要全面欣赏、深刻理解包罗万象的音乐作品还是不够的，要有一点音乐以外的其他方面的文化基础文化修养才行。要做到这点并不难，只要不是文盲，对大学或初高中学过的课程有记忆，平时注意收集点相关信息就有了基本条件，在欣赏音乐时遇到还需要补充学习某些陌生知识时，再去查阅有关资料。这样不断点点滴滴长期实践积累，还有什么音乐作品不能被你享受呢?

二、如果正在约会的你准备挽着你心爱的爱人，一起去听一场音乐会的话，出发之前，我想跟你分享一些欣赏音乐的基本礼仪。音乐会并非古已有之，歌剧更是到17世纪后才出现，最早音乐演奏和宗教剧演出都在教堂举行，后来出现了大型音乐厅，剧场音乐会与歌剧演出，逐渐走向大众。直到18世纪后，随着教会和皇权的衰落，城市中产阶级登上舞台，音乐会越来越大众化，比如莫扎特所处的时代，有了预售联票。音乐会会先在报纸上登出消息，然后有钱人预付音乐会费用。当然也有主办者最终凑不出这笔钱，而取消音乐会的事例，并公开声明退还个人预付的音乐会费用。这时候的观众群体有少数是贵族，大多数是社会富裕的中产阶级成员。这种音乐会门票极为昂贵，是普通人望尘莫及的。举例来说，1744年，亨德尔的音乐会，一场门票要12英镑，而当时一个英国家庭教师一年的收入是30英镑，可见其昂贵程度。由于音乐会从私密转向公开，从原来熟人的聚会、贵族的社交变成大众参与的公众行为，于是逐渐产生了一套约定俗成的不成文的音乐会礼仪。

首先，关于参加音乐会的着装，国内外最普遍的情况是，男性着西装，女性着裙装、小礼服或晚礼服。穿着得宜不仅显示个人的素养，也是对演出者的尊重。参加音乐会的人员需注意服装仪容的整洁，虽不用过度华丽，但最好避免牛仔裤、拖鞋或奇装异服的打扮。女士可以携带手包，男士最好不要带包入场，可以选择在剧院的衣帽间，将公事包、背包暂时寄存，随身只带贵重物品，音乐厅、歌剧院座位都很狭窄，带着各种无关物品进入现场会对周围的观众造成困扰。冬天的外衣、大衣、帽子、手套都最好寄存，而不是带进现场，这是起码的礼貌。音乐会前，不要吃喝太多让你频频上厕所的食物，也不要吃太撑让自己现场打嗝。同时，如果嗓子不太好的听众，可以提前准备上一些润喉糖，以免在音乐会中咳嗽。如果咳嗽的话，你可以设想一下，一个咳嗽声此起彼伏的现场是多么令人扫兴。

三、指挥有用吗？

我以前真的有这样的疑问！不知道你有没有？指挥到底有没有用？经常有人在听音乐会时会发出这样的疑问：乐曲演奏时每个乐手都看着乐谱，埋头拉琴，指挥在前面挥来挥去的，他们看到了吗？言外之意指挥有用吗？我们说指挥是一个乐队的灵魂，就像一个部队的指挥官，管辖着步兵团、炮兵团、坦克营、工兵连。作战时指挥官调兵遣将控制战场局面，决定战争胜负，音乐指挥就是在乐队演奏中控制各个声部速度、快慢力度强弱、音乐抒情还是激昂。只是指挥的这些处理，首先是严格依照乐谱上作曲家标明的每个音符、每个休止和每句文字实现的，从某种意义说指挥的功夫在排练，指挥的魅力才在舞台。一部管弦乐作品是通过指挥的手势发生强弱影响，也是通过指挥的处理和理解，将谱面上静止的音符变成立体丰满的音乐，所以是否能准确高水平地体现一部作品的原创意义、情感内涵和艺术魅力，指挥的艺术修养、知识结构，对各乐器性能、音色了解和辨别能力，以及读谱准确与内心听觉丰富敏感决定着一个乐队的演奏水平。

每个乐手面前都摆着乐谱，而且各乐器分谱的音符都在同一小节规定中，那么照着演奏就可以了吗？不是的，因为每个乐手演奏水平不同，技巧难度把握能力不同，掌握实奏、掌握节奏的内心尺度和强弱力度控制标准不同，尤其很多没有明确标明音乐情绪的表现、情感的处理等，实在是各抒己见、各持己见，因此音乐作品的实现就需要通过一个人的理解来统一，这就是指挥的责任。作品中所有音乐处理，指挥都应该在排练中加以把握，同时乐手们在下面应该对自己声部的音乐具有默背能力，上台演奏时摆乐谱，主要是一些技术难点和音乐强弱转折之处给乐手以提示，此时的指挥不断控制音乐现场，整个乐队的演奏速度力度，在每个音乐情绪高潮或低谷时给予手势掌握乐段中每一个转变，而且在乐队演奏中一旦各声部出现参差不齐或现场意外情况都需要他以经验和能力来及时解决处理，尤其一些协奏曲演奏。指挥是独奏家与乐队合作达到天衣无缝境界的枢纽、最重要的角色，因此成为乐队的灵魂当之无愧。

四、为什么要在舞台上调音？

你会发现，指挥家会带着演奏员们一起在舞台上进行调音，好像在测试一样，你也许会纳闷，这些不是音乐会前的准备工作吗？怎么到舞台上来做呢？

一方面，音乐会开场前半小时是每位演奏员最为忙碌紧张的时刻，有些人在疯狂地练琴，有些人在养精蓄锐，总之后台的时刻完全属于个人；另一方面，许多乐器本身非常敏感，随着时间与温度的变化，音准会产生微妙的不同，所以音乐会开始的前几分钟演奏员纷纷上台，等所有人到齐后，乐队首席会带领大家开始对音，也预示着音乐会即将开始，观众安静下来，久而久之，成了一种约定俗成的音乐会礼仪。

那么关于对音这个环节，具体是对哪一个音呢？标准答案是c调中的la，它被称为标准音，几乎所有乐器以此音为基础来进行调音，这个音在外部环境中稳定性极好，听觉上较为舒适，无论在什么情况下音都能校准。

五、指挥为什么要与首席小提琴握手？

首席小提琴手一般在一个交响乐团里的地位最高，担任着整个乐团的技术监管、人力资源、绩效评级以及参与作品选定、商议演出规划，与指挥协调作品的气息、感情。一般说来，第一小提琴声部甚至整个乐团的排练首席小提琴手都要负责，因此他的演奏水平一般被认为是最高的。凡有独奏之类，均由首席小提琴手担任。故首席小提琴手相当于整个乐队的代表。指挥与其握手，也就代表了对整个乐队的尊重。

也许你还注意到了，小提琴在交响乐团的位置（无论美式还是欧式），都是在乐团的前面，一个原因是乐器音量的问题，另一个则是小提琴的地位在乐队中十分高。而且你还会注意到，乐队起立时，都是由首席小提琴手带领站起。当然，指挥有时候也会与大提琴首席、中提琴首席甚至小提琴副首席、二提琴首席握手，这就取决于这些人在乐队中的“权重”。一般来讲，客座指挥不是很了解乐团的内部结构、薪资水平、资历，保险起见会礼貌地跟小提琴首席握手；而和乐团比较熟悉的指挥一般会选择与自己喜爱的或者比较有影响力的乐手握手，但一般由于距离太远不会与管乐的演奏者握手，更不会与打击乐手、竖琴手握手。但一般会有首席谢幕环节，这个后面会讲到。

六、我该何时鼓掌?

丹尼尔·霍普多次获得格莱美奖，是一位著名的小提琴演奏家，他透露，是一位叫瓦伦汀的年轻人激发了自己写作《我该几时鼓掌》这本书的灵感。这位年轻人向他讲述了自己第一次听现场音乐会的经历，并认为自己遭受到了一次精神创伤。那是瓦伦汀第一次听现场音乐会，乐队演奏的是门德尔松最受欢迎和最常演出的《意大利交响曲》。瓦伦汀一直期待欣赏这部交响曲，仅仅是因为他在一部广告短片里，从听到作品的第一个音起，就立即喜欢上了这部作品。

音乐会上，他坐在正厅前排的位置上，听着这部阳光四射的音乐，充满着激情和青春的气质，感到自己回到了多年前的意大利之旅，想到了那些酒馆和葡萄园，他完全被迷住了。于是，第一乐章最后一个和弦还没有完全消失，瓦伦汀就跳起来热烈地鼓掌，他甚至差点热烈地呼喊出来。然而，他发现自己是唯一鼓掌的人，别人都“无动于衷”。此时，台上有几个乐手友好地微笑着，但指挥打了个手势，似乎在冲瓦伦汀说“好了，别这样”。因为这样的冷遇，接下去的部分，瓦伦汀听得心不在焉，忧心忡忡。在剧场鼓掌可以说是一门艺术，那么什么时候鼓掌，什么时候不该鼓掌，什么时候应该多鼓掌呢？

第一个该鼓掌的环节是指挥上台，音乐会开始时，应鼓掌迎接指挥上台。指挥上台都会向观众鞠躬，所以鼓掌也算是对指挥的一种回礼，同时也是对艺术家的鼓励与尊重。但是要注意当指挥站上了指挥台之后，请务必停止掌声，保持安静，因为这个时候整个乐队和指挥都需要酝酿情绪，这个时候若你鼓掌，就会影响他们进入角色的情绪，此时你只需要闭上双眼，享受流淌着的美妙乐符。（同时对上台演出的独奏、独唱等演员，也应给予掌声鼓励。）

音乐会的第二个间隙是乐章之间，听音乐会时乐章之间是不能乱鼓掌、乱喝彩的。据说几百年前的西方艺术家表演交响乐时，乐章间观众是可以鼓掌的，碰到掌声、喝彩声太热烈时，指挥还会把刚演奏过的乐章即兴重复一遍以飨听众。然而几百年过去了，如今的习俗已大为改变，乐章间不鼓掌已成为一种约定俗成的礼节，乐章间保持宁静既可以保证一部宏大作品的整体性，又能够保证我们欣赏思绪的连续。所以，不管前面的乐章多么精彩动人，我们只能把全部由衷的感谢之情留待曲终时再释放出来。如果你对演奏的作品不甚了解，要想知道何时曲终、何时该鼓掌，有一个简单的判断方法：演出前用点时间熟悉节目单、了解作品的乐章数目。一部作品全部乐章演奏结束后，指挥一般都会转过身来鞠躬谢幕，此时你就可以纵情鼓掌来表示对艺术家们的感谢。

第三个间隙是谢幕，谢幕鼓掌是一个惯例。无论什么演出，谢幕的时候都是可以鼓掌的。演员站在台前向观众敬礼谢幕，答谢观众的盛意，观众用掌声来回应演员的精彩演出。掌声越响亮越好，掌声的时间越长越好，这是对演员付出的辛勤劳动的尊重，也是对演员精湛演出的赞美。

最后是返场，通常精彩的音乐会在演奏家结束所有的曲目以后，观众鼓掌热烈，演奏家会返场谢幕并加演曲目，但是否返场也随演出节目的不同有所区别。返场很重要，晚会的气氛全靠返场，那是真正的场面火爆，上下互动，观众应合。一般来说，返场曲是一个音乐会的“余兴节目”，音乐家通常会演奏一些不足以入选正式曲目的小作品。但是，有时也会出现返场曲比正式曲目还令人惊喜的状况。比如当代著名钢琴家叶普盖尼·基辛（Yevgeny Kissin），被称为“返场机器人”。俄罗斯钢琴家叶甫盖尼·基辛向来不吝啬返场曲的数目，他的音乐会通常都会有3到5首返场。2007年，他在卡内基音乐厅演奏结束后，竟然“变本加厉”地返场12首。曲目涵盖贝多芬、勃拉姆斯、舒伯特。

在我了解音乐后，我好像了解了一个新世界，这个世界你随时可以听到，可是早先不曾发现它的美。你会发现那么多在课本上的一个个古典人物，实际上是那么鲜活可爱的，比如德国女钢琴家克拉拉·舒曼。

她可以说是一个音乐圣女，她全身散发的都是艺术的气息，她的生活无不和音乐有关，因为艺术，她与众不同。她在

16岁时已誉满欧洲，得到歌德、门德尔松和帕格尼尼等大师的赞许。肖邦说："她是在德国唯一懂得正确弹奏我音乐的人。"克拉拉是首位建立起国际声望的女性钢琴家。她1840年21岁时嫁给舒曼,将伟大的钢琴演奏家、贤惠的妻子和慈祥的母亲等优秀角色集于一身。钢琴家皮尔斯·拉里对此表示赞同："她绝对是一位非常了不起的女性,经历了那么多生活的坎坷，她是一位天才的作曲家，也是一位杰出的钢琴家。"

克拉拉21岁嫁给30岁的舒曼，但不幸的是，她37岁便失去丈夫，然而苦难并未因此停止，孩子的病痛和死亡仍不断地考验着她。但因有布拉姆斯及小提琴手尤阿席姆等人支持，同时她常借弹琴来安慰自己的精神，在往后的四十年间，她又将生活重心转移到演奏。布拉姆斯担心克拉拉的风湿病情，曾劝她停止奔波的演奏生涯,但克拉拉却因此受到伤害，她寄了一封信给布拉姆斯："我一停止演奏,心情就会变得非常不好。对我来说，钢琴演奏等于是我的生命。"对克拉拉来说，音乐就是她的生命，其实，这便是艺术的魅力。即使生活再怎么考验她，只要有音乐的陪伴，她就能鼓起生活的勇气，她没有因为生活的折磨和苦难，让自己变成一个牢骚满腹的怨妇，而是坚强地扮演好了母亲、妻子、钢琴家的角色。在现实生活中，并不是每一个女人都能像克拉拉一样，有着超人的艺术才华，但是，平凡的我们依然可以让艺术来装点自己的生活,感知艺术,感染艺术气息，让自己成为一个有品位的女人。

而对于快节奏的现代女性来说，大多数人只会弹奏一种乐器，那就算是高雅了。与艺术沾边的女性不多，但懂艺术的女性如同陈年老酒，前味悠长，清远幽香，越是久远，越是醉香。在感知音乐艺术的过程中，艺术情绪的陶冶会在潜移默化中改变女性的自身气质，女性会因为品位的获得而变得博爱和宽容。品位的表现就是浓郁的书香和美的诗韵、深厚的人文素养、渊博的知识积淀。女性，要学会培养高雅的艺术爱好。当然,艺术气息并不是一朝一夕就能够做到的，不凡的谈吐也并不是简单就能脱口而出的。想拥有高雅的艺术气息，你需要感知艺术，发现艺术的魅力，感染艺术的气息，丰富自己的文化生活，提高审美能力。

培养自己的艺术气息

我历来欣赏日本企业的匠人精神，在日本，百年企业比例占总企业数一半以上，也是世界上拥有百年企业最多的国家，这样的企业以及文化，在传承接班人上的候选更是慎之又慎。我曾在一本书里读到过，日本某一个豪门家族在选儿媳妇时要求之一是一定要会欣赏艺术的美，能听懂音乐会，能看懂名画，能进行艺术交流，据说目的是在教育下一代时能培养孩子的艺术感。“事业做得好，不如嫁得好，长得漂亮趁年轻赶紧嫁个好人家”这样的观念已经越来越被淘汰，仅仅以为长得漂亮就可以作为资本嫁入豪门实在是太傻太天真，其实从古至今，高位都是有德者居之。

在古代，对女子的高要求无非是琴棋书画样样精通，这样拥有艺术感知的女子才情过人、谈吐不凡，即便是没有美丽的容颜，那也是受人瞩目的才女。一些出身于官宦之家的女子，由于受家庭环境的影响，从小便能受到良好的教育，再加上她们天资聪慧、勤苦好学，因此，无论是在学识方面，还是在才艺方面，这些女子都有一些过人之处。唐高祖李渊之妻窦氏在书法方面高人一筹，窦氏小时候就天资聪慧，不仅读书多，而且记忆力也很好。“读《女诫》《列女》等传，一过辄不忘。”窦氏年纪虽然不大，但志向很高，当杨坚代北周建立隋朝后，当时14岁的窦氏气得从床上跳下来说：“恨我不为男，以救舅氏之难。”之后，窦氏嫁给了李渊。李渊虽然投身行武，但一直爱好书法，他经过了多年的临摹研习形成了别具一格的“龙爪书”。同样喜爱书法的窦氏，自从嫁给李渊后经常与李渊起练习书法。时间久了，窦氏的书法竟然与李渊不相上下，两人的作品放在一起，居然分辨不出。不仅如此，窦氏还写得一手好文章。窦氏聪明伶俐，机智过人，才华横溢，这样的女人无疑是男人的红颜知己、贤内助。在很多时候，能够让无数人尊重的并不是女人美丽的容颜，而是那不凡的谈吐，那由高雅艺术积淀出来的迷人气质。

艺术气息的熏陶，让女性不再因为生活中的琐事而磨灭了个性和魅力：因为艺术的培养，女性举手投足间温文尔雅；因为艺术的陶冶，女性的生活不再枯燥、乏味。艺术气息是一种别致的品位，一个女人要想自己拥有别致的魅力，就要学会培养自己的艺术气息，以此来装点自己的生活。她们热爱着生活，善于装点自己的生活，即使在休憩之余，她们也不会感到孤独寂寞，因为有了艺术的感染，她们的生活将会变得充实。懂得感知艺术，拥有艺术气息的女性，一定有着不凡的谈吐，因为艺术积淀了修养，艺术升华了气质，无论说话做事，她们都显示出独特的魅力。

不知道你是不是和我一样，每当我走进艺术馆，面对这样一幅幅抽象的艺术瑰宝，比如高更《快乐的人》，它价值连城，但你的内心毫无波澜，甚至有一点蒙蒙的，这到底画个啥？博物馆的介绍会告诉你：这是法国后印象派三大巨匠之一高更的巨作。但是除此之外呢？这幅画画的是什么？它到底好在哪里？这时候，如果你想告别和伟大艺术品面面相觑的局面，就需要去了解一点艺术史。

首先，你需要知道的第一个关键词，是“印象派”。在印象派诞生前，人们的画是巨细无遗的，每个细节、每个角落都要描绘清楚生动。比如弗里思的《火车站》，放大看，每个人物都栩栩如生。而印象派的代表作比如莫奈的《日出・印象》，一轮红月在江上，船和人物都很模糊，为什么会有这种变化呢？因为印象派画家认为，像《火车站》那样的画作，写实是很写实了，但不够真实。你想想，在现实生活中，人的眼睛根本不可能把各种细节看得清清楚楚。在任何一瞬间，我们都只能把日光集中在一处，别的地方是看不清楚的。印象派画家想要还原的，就是这种“瞬间的真实”。那时候，法国有一批非常聪明的年轻画家，其中包括大名鼎鼎的莫奈和塞尚，发明了用色块组合的绘画技法，去还原人眼的瞬间印象。从这个意义上，我们再回头去看莫奈的《日出》，会发现它比“火车站”要更真实：这幅画一下子就把我们带到了日出时雾气蒙蒙、波光粼粼的湖面上。

我会大力推荐你需要了解的一位艺术家，是高更。了解作品更要了解作品出自谁手，而这人的故事又是什么。在搞艺术前，高更是个当证券经纪人的高帅富，但他厌倦了巴黎的文明生活，觉得没人能理解他。于是，高更逃到了南太平洋的塔西提岛上，穷困潦倒地创作，孤独地在那里度过了几年，最后贫病交加而逝。如果你想更了解这个故事，可以读名著《月亮与六便士》，这是毛姆根据高更的经历创作的小说，月亮代表理想，便士是英国货币中的最小单位，这本书传达给我们“满地都是便士，你却抬头看到了月亮”。高更有一个富裕和美满的家庭，身处上流社会，妻子漂亮，两个孩子健康快乐。按理说，他应该满足于这种人世的快乐才对，尽管这种生活未免庸俗和平静。但是，就在他们婚后的第17个年头，他突然离家去了巴黎，抛弃了在外人看来很好的事业和家庭。就在人们以为他的出走是因为有外遇的时候，人们发现的事实却是：他原来只是为了画画。

这时的高更没有任何的绘画基础，他只是爱好画画而已。在外人看来，他简直疯了，他的生活开始变得窘迫，几次险些因饥饿和疾病而死。他画的画也完全不像个样子，总是在原有的事物上进行破坏，除了有个蹩脚的画家伯朗士把他当成上帝外，任何人都不会买他的画，事实上他也从不轻易卖画。他不停地流浪，最后来到了塔西提岛，与一个土著姑娘爱塔结了婚。这时的他看起来似乎很知足，他有了一个土著人做妻子，他们生活在与世隔绝的地方，他每天都在那里作画。但不幸的是，不久他就感染了麻风病，在他病逝的前一年，他成了瞎子。爱塔一直照顾着他，直到他完成了自己的巨型壁画，身体溃烂而死。他的妻子依照他的遗言焚毁了挂满壁画的屋子，甚至没有留下一根木头。这是一个关于自由和理想的故事。高更可以说是一个纯粹的艺术家了：他根本就不差钱，也不需要为迎合市场而画。所以，你可以从他的画作里，看到一种非常特别的风格：粗野、原始、单纯，以及毫无矫饰的纯真的精神境界。这样理解后，再回头来看他的作品，是不是能看懂一点了？

在这里给大家介绍一本书——《艺术的故事》，它被公认为西方艺术史的圣经。这本书的作者贡布里希有一个观点：看任何一件艺术品，都像看一场电影。普通人看艺术，就好像中途入场的观众，看什么都觉得有点莫名其妙。这时候，就需要有一个友善的邻座，告诉你这部电影之前到底演了些啥。比方讲，我们都知道拉斐尔著名的圣母像。看到这幅画的一瞬间，你可能觉得“哇！挺美的”。但是除了“挺美的”之外，拉斐尔的圣母像背后，还有更深远的意义。那就是，拉斐尔所处的15世纪，正是文艺复兴时代：人们开始挑战宗教的地位，人性逐渐被置于神权之上。在拉斐尔之前的中世纪，圣母像其实是十分呆板的，眼神阴暗。作为现代人，我们走进艺术馆，看到的作品早已充满人性。但这种人性，并不是天赐的、理所当然的。事实上，发现自我，将人从神权之中解放出来，是人类文明史上的一次伟大跃进。现在，你是不是能够更深刻地理解到，拉菲尔笔下充满人性光辉的圣母像，是一个多么伟大的突破了？贡布里希还说过一句话："艺术这个名称用于不同时期和不同地方，所指的事物会大不相同。"这句话的意思就是：每一幅伟大的作品，都是时代的产物。

在文艺复兴时代，人们想要反抗神权，于是拉菲尔画出了充满人性的圣母像；到了19世纪，艺术不再局限于记录宗教和贵族生活，也不再拘泥于写实的技法。于是，就有了关注瞬息万变自然的印象派画家。沿着这条路往前，又出现了通过绘画表达内心情感的艺术家，比如凡·高。在你不了解艺术知识的时候，走进艺术馆一脸懵，感觉自己无法与艺术品平等对话，是很正常的情况。因为，我们都是中途进场看电影的人。而欣赏艺术品不仅需要眼睛，还需要知识，艺术史知识就是你需要的"前情提要"。当了解到每一件艺术品的创作背景，以及艺术史的发展过程时，你才拥有了欣赏艺术的基本能力。那么，我们为什么要去欣赏艺术呢？

美术史专家、中国美术学院教授、《艺术的故事》译者范景中，在《范景中讲西方艺术史》的第一课上说，一个人如果因为缺乏知识而无法欣赏艺术，将会非常非常遗憾。他说过，艺术构成了人类生活的天堂，它的美丽、它的优雅、它的崇高，是宇宙中的奇迹。宇宙间也许有更高级的生命，但没有更高级的艺术。无法欣赏艺术，就剥夺了我们欣赏人类最伟大创造的幸福时光，也让我们对自己所处的文明有隔膜的感觉。

范景中教授经常讲一个故事，故事的主人公叫哈立德·阿萨德，他是叙利亚的一个考古学家。阿萨德一生从事着与帕尔米拉相关的发掘和保护工作，几乎以一人之力让这座古城为世人所知。他是帕尔米拉古城的一座高峰。《纽约时报》的报道说，任何人要在这里从事文物工作都无法绕开阿萨德，找到文物都会请他来鉴定真伪，人们把他尊称为“帕尔米拉先生”。阿萨德给自己的女儿取名“芝诺比阿”，和两千年前统治帕尔米拉的一个女王同名。2015年5月，ISIS攻占了帕尔米拉。政府军败退那一天，阿萨德指挥博物馆的工作人员，冒着生命危险转移走了最珍贵的一批文物。但83岁的阿萨德拒绝离开帕尔米拉，这是他深深热爱并工作了一生的城市。恐怖分子进城后，立即控制了他，严刑拷打，逼问他文物的下落，但阿萨德拒绝告知。于是，那年8月，阿萨德被斩首示众，遗体被挂在了他深爱并保护了一生的帕尔米拉遗迹的柱子上。而那些被运走的文物终得留存。

我们可以花很长时间去争论什么是艺术，什么不是。甚至，在大部分时间里，艺术之于普通人，似乎只是现代生活中的一种娱乐与调剂。但是，一旦一种艺术所代表的文明遭到了摧毁，人们就会因为艺术品不复存在的震撼，感受到人类文明遭受撕裂、肢解时的痛苦。在这样的时刻，艺术存在的价值，比任何时候都更易感知。艺术就是文明。一种艺术遭到毁灭，就是从文明的身体上撕下一片血肉。正是因为这样，有人会为了保护艺术，献出自己的生命。而像我们这样的普通人，学着去欣赏艺术、亲近艺术、热爱艺术，最终是为了理解文明，为了不让人类的伟大文明坠入黑暗之中。这个故事是伟大的，这种精神是永被铭记的。

要学习艺术，我们泱泱中华文化绝对是世界艺术史上的明珠，唐诗宋词文化中有白居易，成为日本全民偶像，整个平安时代，日本天皇的枕边都放着一本《白氏文集》，名画《清明上河图》《富春山居图》成为各国竞相观摩学习的瑰宝，文学典籍如《西游记》，在海外被改编成十几个版本广为流传。值得一提的是，今年BBC拍摄了一部名为《杜甫》的纪录片，把这位了不起的诗圣的一生用52分钟（非常巧妙地设成杜甫的在世年岁）展现给全世界。了解艺术，怎能不懂中国文化艺术呢?

我个人非常喜欢的一位诗人是王维，了解他之后，许多女孩都会喜欢王维，他懂文学，懂音乐，他的诗如同一幅画卷铺在你面前。据说他人长得还非常帅，在结发妻子去世后，他拒绝了当朝公主的邀约，放弃做驸马爷，并且终身未再娶。据说，有一次王维在洛阳城里看见一幅色彩鲜丽的壁画。这幅画题为《按乐图》，画一群乐工正在聚精会神地演奏一支乐曲。王维被画深深吸引住了，边点头边称赞。有人问他为何如此兴致勃勃。王维说，这幅壁画乍一看很平常，没有什么可称道的，也没有什么明显的特色，但如果仔细看，就会发现，它很不一般。它不仅准确地表现了乐工们正在演奏什么乐曲，而且还表现了正在演奏曲子的第几叠第几拍。人们凑过去仔细观看，仍然没有看出个所以然。王维便告诉他们，演奏的是《霓裳羽衣曲》，是这支曲子的第三叠第一拍。大家不大相信。于是有几个好事者很快请来一队乐工，当场演奏《霓裳羽衣曲》，当演到第三叠第一拍时，人们对照这幅画一看，不由得大吃一惊。原来乐工的手和口在乐器上的位置以及动作姿势，果然与壁画上的形状一模一样，丝毫不爽。是的，王维不仅是诗人、画家，而且对音乐也很精通，早年曾做过主管音乐的大乐丞。如果他对音乐不精通，就无法做出正确的判断。

据说宋朝大文学家欧阳修得到一幅古画，画的是一丛牡丹，牡丹下面有一只猫。欧阳修不知是否真的古画。有一天他的亲家吴正肃丞相来访，他对古画很有研究，因此欧阳修请他鉴别。他仔细地看了又看，说："这确是一幅古画，画的是正午牡丹。"欧阳修问道："你怎么知道的呢？"吴正肃指着画说："你看，这花瓣是张开的，中午阳光强烈，花的颜色都是干巴巴的。"接着又指着画上的猫说："再看这只猫的眼睛，瞳孔眯成一条线，这正是正午猫的瞳孔。"这位评论家正是运用他丰富的生活经验，对作品做出了准确的评价。因此，一个欣赏者要真正能够看出艺术作品的门道，离不开丰富的生活经验。我们并不要求每一个人都成为艺术评论家；但是希望每个人都来做艺术的欣赏者。

光懂理论知识是不够的，这个故事启发我，学习还要运用，尤其要善于观察生活、分析生活，积累丰富的生活经验和生活体验。因为任何文艺作品都是生活的反映，生活是文艺创作的源泉。如果说，文艺作品是一面镜子，那么生活就是镜子观照的对象。你不熟悉镜子反映的对象，就很难判断出镜子反映得是否正确。只有对生活有深刻的理解，有真知灼见，才能正确认识文艺作品反映生活的深度和广度，这就是读懂了。

读懂艺术的核心是欣赏艺术品本身，我们欣赏艺术，核心是欣赏艺术作品，而不是读懂介绍艺术的书。艺术作品本身就是语言，好的作品会说话。这是我们能从艺术中获取的重要信息，除了背景以外，每一件艺术品只是艺术家表达的体现物。"读懂"二字显然过于浮夸，也显得我们过于自大。毫无疑问，大师之所以伟大，是因为他们总能用精妙的创作来解读人类的精神状态，或他们关注的状态。这种状态就是人类的共鸣点，不管是在当时还是在以后。

也许你已经看了很多艺术书籍，听了许多讲座。我想和你分享的是，在学习的过程中最重要、最珍贵的就是思考。欣赏艺术要有理性的思考。而这种理性的思考，往往能推进审美活动的深化。比如，我们欣赏贝多芬的第五交响曲（命运交响曲），当然欣赏者的心弦首先被乐曲中那个命运敲门声的音乐动机所震撼，但是如果结合贝多芬"我要扼住命运的咽喉，他不能使我完全屈服……啊！能把生命活上几千次该有多美啊！"的话语，进行理性思考，那么就更能深刻地把握住作品中英雄意志战胜宿命论、光明战胜黑暗的深邃意蕴。

文艺作品往往形象大于思想，如果欣赏者不加理性思考，那么是很难完整地感受艺术作品体现出来的美的。莎士比亚笔下的哈姆雷特，究竟其性格特征是什么，至今还争论不清，故有"一千个读者，就有一千个哈姆雷特"的说法；还有达·芬奇的名画《蒙娜丽莎的微笑》中主人公那微妙的笑容，究竟意味着什么，也是众说纷纭，争论了几百年至今还没有一个统一的结论。

去了解艺术吧，她让女性更柔。女性的魅力是画，是诗，是乐曲。一个女人有了良好的艺术情趣，她必然高雅清新,焕发青春活力,生活必定多姿多彩，充满阳光。女人之所以会美丽，不仅仅是天生丽质的面容或华丽的装扮，而是一种气质的散发，而这种气质很大一部分是来自女性的品位修养。艺术气息让女性的心灵变得恬静，好像山涧的清泉静静地流淌。如此有着浓厚艺术气息的女性，她们从来不在乎人生的功利，更加注重幸福的内涵，静心面对生活中的荣辱得失，不强求身外之物，不愤世嫉俗,即使是面对物质世界的诱惑，她们也能够泰然处之。在感知艺术的旅途中，她们学会了自我安慰，自我松绑，自我释放，自我陶冶。

最后温馨提醒各位女性朋友，要真的读懂艺术，最关键的一点就是走近真实的艺术作品前，走出你的集训画室，走出书本；走进博物馆、走进美术馆、走进展览馆；走出你的世界，走向整个世界。如果你在博物馆中，面对《星空》而哭泣，面对《格尔尼卡》而悲愤，也许我们就懂了如何欣赏艺术。

直播间见证：

今天在直播间和COCO老师学习美商，明白了形象要走在能力前面。一个人的形象是由内到外透露出来的，修炼成优雅女人，不光学会穿搭还要修炼我们的内在，内外统一才是最美好的时刻。衣服就是能量，衣服就是你当下的感觉，通过学习我知道自己属于哪种量感，属于哪种色彩能量场；通过学习幸运色的剖析，觉得自己应该更偏向发展一点红色和紫色的气质。这使我今后在服装穿搭、色彩搭配等方面有了非常明确的认知跟定位。

连续几天在直播间的学习让我从外到内感受到COCO家族的巨大能量，对女性魅力有了新的认识，我需要改变，再多一点点改变，绽放自己。通过学习我对美的定义、色彩的能量与自己的性格进行重新定位。COCO的人生经历，也对我现在的人生有很大启发，所有挫折痛苦都是为了遇见那个更好的自己。能让人增长智慧的恰恰是在人生最低谷最痛苦的时候，接受一切你所改变不了的结果，去创造出新的美好生活，活出自己的精彩。

——网友“芳姑娘”

第二章
情商

情商包含哪些内容

如何修炼提高情商？

选择好伴侣

幸福从好好说话开始

撒娇女人最好命

李嘉诚请吃饭

娱乐圈大家长何炅老师

会说话的萧皇后

中国人和犹太人是世界上公认的高智商族群，但单就情商来说，我们还有很大的提升空间，我想这跟我们上两辈的生活经历有一定的关系，我们经历了战争等一系列变革，物质生活得不到满足。在很长一段时间里面，我们贫穷，连温饱都解决不了，当然也就更顾及不到教育。所以很多的家庭里面从来就没有“好好沟通”这种思维，导致许多孩子在争吵当中长大，缺少幸福的榜样，遇到事情只从对和错两个极端去判定，用语言冷暴力来解决问题。

所谓高情商，很大程度上是会好好说话，高情商的人说话结“缘”，他们会说：“我能为你做什么？我很欣赏你身上……的特质。”需要别人帮助的时候会说：“好吗？”想提建议的时候会说：“你说得非常对……如果……”“我理解你的感受。”尤其在沟通时不是表达：“你能听懂吗？明白吗？”而是：“我表达得清楚吗？我说清楚了吗？”而低情商的人说话结“仇”：“凭什么？”曾经有一位舍友考完试后说：“凭什么全宿舍就我一人挂科！”“唉，你们居然没有挂！你们是不是抄到了好多！”“你也挂科了？太好了，我有伴儿了！”经常说这句话的人，在潜意识里边，认为自己所做的每一件事，都是必须得到回报的，不然的话就是自己吃亏了，但是这个世界并非如此，我们很多时候都是在无私地给予而已，如果不认识到这一点的话，就没有办法以一个宽容的心态去和别人交往。还有“你别介意呀，我这人直，说话就是这样”。有的人就是这样，明明自己知道说话难听，却偏偏控制不住自己，在伤害别人之后还完美地逃避了责任，好像一切都是那么理所当然，其实并不是每个人都会迁就你的，你早晚会为你的行为付出代价，既然你不肯改变自己，那么自然也不会有人包容你！最让人不能接受的是“难道我之前没有告诉过你吗？”“这么简单的事你现在才会？”想象一下,假如有人用上面的语气对你说话，你会有什么样的感觉？不爽，至少是不舒服的。因为当一个人用反问的语气和你说话时，会让你感觉对方是在蔑视和嘲讽你。就像在说：“你这个傻子，怎么连这都不懂？”反问就是反驳，它传递的是这样一种信息：我是对的，你是错的；而且你不仅错了，还错得很可笑。可想而知，这会对别人造成什么样的伤害。所以，和别人聊天也好，谈事情也好，要慎用反问句。

如何发现自己讲话的样子？建议大家可以录下来自己一天的语音，反听自己是怎么说的，你一定会收获很多意外。男性喜欢性感、妩媚的女性，可最终多半会跟一个让他开心的女人在一起。你能让身边的人跟你在一起开心吗？谢娜不是女明星中颜值最高的，不是身材最好的，不是最会主持的，不是最会唱歌演戏的，她却成为中国所有明星中第一个微博粉丝破亿的明星，我想她最大的魅力是“能带给身边人快乐”。高情商的女人，就是说话让人舒服。

情商包含哪些内容

我想首先是能认识到、感知到他人的情绪。

我有一对夫妻朋友是大学恋人，一起毕业奋斗几年后在二线城市买了房子，有了孩子。一天晚上男人回家喝了酒，压力大，几句话和妻子说得不痛快，便吵了起来，妻子说：“我就知道你会这样，跟你爸一个样。”男人马上酒醒了，没有动手，也没有吵。妻子回忆说她从来没见过这个眼神，有种陌生的遥远。第二天男人提出了离婚，妻子哭天喊地承认自己错了，不该说那样的话，其实两个人感情一直很好，最终他们还是离婚了，男人说：“有些伤是不能碰的。”这件事情其实可以处理得更好，在吵架时不说最伤害对方的话，不戳痛处，在当下不要再激化矛盾。最重要的，这位妻子没有了解到她先生心里最深处的痛和症结。这种不快乐在平时不被提起，就像一个地下室被堵上了入口，揭开时才知道里面有这么多的内容。这个问题不解决，不仅自己不快乐，也会影响在对下一代的教育上，就像这个男人会有这种反应，一定来源于他父亲给他的影响，他没有解决和自己父亲的关系。

这个故事告诉我们，你要知道自己和对方的情绪按钮在哪里，能够正确处理情绪的人是强大的，是家庭幸福的关键。每个男人或多或少都有一些伤疤，这种伤疤不仅包括身体上的残疾顽疾的，包括物质财富出身，如家里特别穷，父母离异，犯过大大小小的错以及人生遭遇过的失败等精神上的创伤、伤疤。伤疤是男人心灵上的一种伤痛，是不愿意外人触碰的角落，他们对自己的伤疤很敏感，时刻害怕别人歧视和犀利的眼光，任何人要想揭他们的伤疤，他们肯定跟对方没完，即使是心爱的女人。遗憾的是有些女人专爱揭男人的伤疤，一副苦大仇深的样子，恨不得把男人500年前的污点都拿到阳光下展开来，殊不知这会牵涉到男人的尊严问题，让男人丢尽脸面，无地自容，形象尽毁。

所谓打人不打脸，骂人不揭短。男人的过错或失败就像是一块伤疤，只需要留给男人自己慢慢去舔就好，女人只需管好自己的嘴巴，不要漫无目的地指责。经常有人不经意间揭男人的伤疤，时间久次数多，男人尊严一次次被践踏，就会成为婚姻危机的导火索。揭别人的伤疤是一种小人行为，试想，如果你某日某时做了一个双眼皮手术，你看起来漂亮极了，但这时有人跳出来说你双眼皮是整出来的，想必那时候你的感觉也会非常不爽。看看身边的女人，有不少女人有揭男人伤疤的习惯，这是很危险的做法，人生漫漫几十年，几乎没有一个男人是没有伤疤的，有伤疤并不要紧，如果太在意这些伤疤，倒会成为心里的一个阴影，挥之不去而打倒自己。聪明的妻子要做的就是不揭老公伤疤，给他多带来些阳光，替他维护好男子汉的形象和自尊，这是妻子的职责，如果连妻子都不支持老公，他还能够指望谁呢？

生活中经常会看到，比如有的夫妻一起投资失利了，或是男人自己投资了什么没有得到回报，妻子就会开始碎碎念："你看就怪你当初不听我的，现在赔了吧？""你赶紧在家里闭门思过吧。""以前也是赚过钱的人，但是又有什么用呢？现在还不是亏本了？"这样的话势必会引发争吵。吵个大概半年感情就耗尽了，每个人整天耷拉着头气色不好。随之而来的就是婚姻的结束了。

其次是会妥善管理自身情绪。

生活中有种最常见的情况，你可千万别中招哦，一对情侣自驾游，男朋友在开车，女朋友一直在指挥，不小心走错了路，女朋友还会加一句："错了吧，我就说让你那么走你不听。"这是非常容易点起火的一句话，果然两个人吵了起来，情商高的人会如何处理？男朋友可以开玩笑似的说句："我终于知道你做饭的时候我在旁边指挥你是什么心情了，以后我再也不说了。"反倒把女朋友哄开心了，当然，女朋友也再没有指挥过他怎么开车了。你为什么要指责？试想一下，说这个话跟我想要的结果与关系吗？你要车祸还是要平安？

我想起来之前有一个新闻火爆整个朋友圈、公众号、微博热点，网站大多在报道这件事。这是一起发生在北京野生动物园里的老虎咬人的事件。从监控视频里可以看到，正在开车的老公和副驾驶座位上的老婆起了争执，老婆怒气冲冲地下车，从车前面绕过，走在驾驶位前要开车门，想把老公拽下来。就在争执时，一只老虎突然从后面窜出来，咬住了这个女人的身体往后拖，老公估计吓傻了没反应，就在这千钧一发之际，是这个女人的妈妈从后座上立刻下车去拉女儿回来。结果令人悲伤的是，老虎松开了女儿，把她妈妈拖走了。老人送医院后抢救无效去世了。

全程的监控视频看得人触目惊心，也给大家都敲了警钟：克制不住情绪，多么可怕呀！如果当时他们没有发生这些冲突的话，如果发生冲突她不置气下车的话，就不会导致这样悲惨的结局。有的人说是老虎没有管理好，没有围栏，有的人说是当事人没有控制好。我觉得追根到底还是因为：一、当事人违反了规则。野生动物园已经明确告知游客，开车中途是不准下车的，这是规则，不能违反规则；二、动物可能不懂得控制，但我们人跟动物的区别就是人有思想啊，人是可以控制自己的啊！坏的情绪来了就像一个魔鬼，可以吞没很多，这个例子就是反面教材。能控制好在情绪的人，才能控制好自己的人生。情绪就像一个小怪兽，小的时候你不控制住它，等它长大之后就会吃掉你，不要把它越养越大。

最后我想是要拥有正向思维。

有一个小男孩家里非常穷，不过父母感情融洽，家里每天其乐融融，小男孩很快乐，开朗活泼。机缘巧合他进入一所贵族学校上学，小学毕业时，全班在一起兴奋地拍合照，个子小的他站在第一排的最边上，摄影师架好机器把头埋进黑布里准备按下快门，过了片刻，没有拍照的声音，摄影师却从照相机旁挪开身，他看着这班学生，若有所思地想了一会儿，然后说："最左边的那个小男孩，你，出列。"这个小男孩不懂为什么，摄影师接着说："你的裤子破了，跟同学外形不符合。"小男孩悻悻地走开站在一边，看着同学们拍完这张合照，因为破洞的裤子，他没有留下自己的小学照片。

很多人批判摄影师，不该这样伤害小男孩的内心，会让他自卑。然而令人惊奇的是，小男孩在一旁低头看着自己有破洞的裤子和鞋子，他在想："我的爸爸真了不起，原来我家里这么穷还送我来这么好的学校。"凭着自己鼓励自己的正面想法，小男孩一直努力学习，读到越来越好的学校，受到越来越好的教育，最后成为亿万富翁，他就是卡耐基。

那么我们该如何转换词汇正确表达呢？生活和工作中难免会遇到不如意，在处理这些问题的时候，出发点不同，得到的结果自然不同，从而在自己内心中产生的结论不同，对外表现出来的态度就会不同，因此表达方式就会产生不同的效果。例如：周日下雨了，如果认为下雨给了我们很多负面的信息：下雨天无法出门、下雨天心情烦躁等。如果把"周日下雨了，我无法出门"转换成"周日下雨了，我在家睡了个自然醒好舒服"，同样是下雨天，我们是选择待在家里郁闷，还是选择度过一个愉快的周日呢？其实，是我们自己说了算。正如有句话说得好："我们不能左右天气，但可以控制情绪。"

如何修炼提高情商？

我想从几个方面全立体地和你分享我们可以如何提高情

商。生活中我见到过把这几点做得最好的人都是最成功的人，欢迎对号入座哦。

一、倾听。我们有两只耳朵，一张嘴。真正的高情商要善于使用你的耳朵，倾听。善于倾听的女人，总是能够带给男人最大的安慰，想象一下，一个温柔自然的女性正认真地听着自己的倾诉，而她所提出的问题，又说明她懂得了自己说的每句话，并且乐在其中，这是对男人最好的尊重和认可，如此一来男人会获得某种程度上的心理满足感，找到一种家的温暖。感觉懂得了男人渴望被了解被理解的心里之后，你若想在讲话方面让男人满意的话就要记住，即使自己再怎么口吐莲花，也别忘记了，当你的男人神采飞扬地发表自己见解的时候，要安安静静地坐在那听他说。

有些女性同胞要抗议了，说你这不是自降身段，作为女人我还不能发表自己的观点了吗？如果你这么想，是因为你还没有认识到善于倾听的重要性，或者你没有尝到善于倾听男人时候的甜头罢了。事实上倾听不仅给爱人提供倾诉机会，也是女人的一种宝贵资产。试想，如果你能够经常听到爱人的诉说，他的喜怒哀乐你都了如指掌，岂不是达到了知己知彼百战百胜的境界，如此在这场关系中就立于不败之地，他只能情不自禁地被你吸引，还有什么问题不能解决呢？

我曾花了一段时间泡在图书馆去研究胡雪岩，相信你一定听过，“做官要学曾国藩，从商要学胡雪岩”。胡雪岩从跑腿的学徒伙计，到成为中国首富用了30年。其实胡雪岩的方法也很简单。毋庸置疑，在商场上胡雪岩是个会说话的人，但他也更会听话。和他交流过的人说，胡雪岩面对任何人时，不管对方讲得如何，即使言语无味，他总能用很有耐心的两眼注视着对方，好像听得极感兴趣似的。同时，他也真的是在听，紧要关头补充一两语，更让讲者觉得被重视，很舒服，有相谈甚欢的感觉，自然觉得投机而成至交。倾听是人与人之间沟通的主要武器，每个人都渴望被重视，每个人都会想："我对你来说重要吗？"认真耐心的倾听会让讲述者心里的重要性得到满足，只有先成为一个成功的倾听者才会建立和对方的亲和共识，才有机会结交更多的人脉。

我曾经有幸在现场听过约翰·麦斯威尔老师的演讲。有一次他去白宫拜访的时候，有一个机会可以和克林顿总统面对面交流，他说他永远忘不了那一个下午，克林顿身上有一种让人着迷的特质，即使他也是男性，他也彻底地被征服了，他说你在和克林顿聊天的时候，他的双眼会很认真地看着你。就连他伸手去拿茶杯的时候，他的眼睛都不离开你，好像你说的每句话都对他非常重要，而他适时的赞同和提问也与你所讲的内容有关，这让你觉得"天哪，这个人很在乎我"，你会情不自禁地想把自己知道的全部都告诉他。

看，这就是善于倾听的效果。一个善于倾听的目光和行动向男性传达了一个信息，这是一个善解人意的女子，她能给我一个可以停靠的港湾。哲学家说婚姻就像自己的花园一样，需要好好打理，而且讲求技巧，对于自己的爱人一定要给予他充分信任，要学会沟通，善于倾听丈夫的心事。值得一提的是，倾听不是完全保持沉默用耳朵听，而是要用你的眼睛用你的心去听，才能达到真正的效果，所以在倾听男性说话的时候，女性需要掌握一些小小的技巧，当一个男人向你倾诉的时候，是因为他把你当成了他信任的人，这时候你不能忽略，更不能不耐烦，要保持良好的精神状态，表现出愿意倾听。如果你心不在焉地听他说，他会认为你不在乎，他就会索然无味，也就没有了倾诉的欲望。在倾听的过程当中，不要随便打断他的话，任意终止他的思路，或者问太多与谈话内容无关的问题。或者不停地看手机、发短信，把注意力转移到其他事情上，忘记他讲的内容，这都说明你在敷衍，他会不会认为你是没有教养的女人?

不管是在和另一半相处，还是在职场生活当中，当别人倾诉的时候，你要善于运用自己的姿态、表情、插入语和感叹词，比如微笑点头，真诚的双眼望着他，是吗?很棒，太好了，这样会让别人更有兴致说下去，让你们的谈话更加融洽。总之倾听别人说话的时候要做到耳到、眼到、心到，了解了以上倾听的技巧，只要你在日常生活中善于体味琢磨恰当运用，你就可以轻松掌握谈话的主动权，也越来越了解你的他。善于倾听的女人，即使长得不够漂亮，不够有才华，也会给别人一份难得的安宁，让别人的心灵得到暂时的休憩，对于男人或朋友而言，还有什么比这更重要?若能拥有这样的女人，谁又会不善待她呢?

二、宽恕。我认为人性的美德有许多种，但说到让人有失而复得弥足珍贵的感觉，是宽恕，宽恕别人是对自己的解救。

我在卡耐基的书中曾经看到这样一个动人的故事：卡耐基

拜访他的好朋友罗宾，罗宾是一位心理医生，有一次在做拯救灵魂的公益活动当中认识了59岁的伊丽莎白，这位女士看起来很不开心。每当这位女士看到很多失足的孩子，眼神里并没有慈爱，而是充满了憎恨。罗宾问伊丽莎白是否需要帮助，伊丽莎白看了看罗宾又看了看那些孩子，恶狠狠地说他们都是凶手，是杀人犯。

原来伊丽莎白曾经有一个儿子叫小乔治，可很不幸的是，在小乔治15岁那一年，因为一个特殊的意外，被一群社会上游荡的坏孩子乱刀砍死了。从那以后，伊丽莎白心里就充满了仇恨，每当在街上看到行为不端的少年时，她都有一种冲过去杀死他们的冲动，而且这种冲动越来越强烈。罗宾知道事情的缘由之后，决定帮助丽莎白摆脱这种痛苦的折磨。他对伊丽莎白说，夫人，您的经历我都听说了，但仇恨是解决不了任何问题的。事实上这些误入歧途的孩子才是最可怜的，因为他们很小的时候就被父母抛弃了，社会也没有给他们足够的尊重，应该说他们从出生那天起就不知道温情是什么滋味。伊丽莎白显然不接受这样的话，气愤地说，那又怎么样，关我什么事，我只知道他们夺走了我的小乔治。那只是个意外而已，您为什么放不下这些仇恨呢？罗宾说，我可以向您保证，如果你能够以宽容的态度对待那些孩子的话，说不定你的小乔治就能够回来了。罗宾讲到这儿的时候，我也已经迫不及待地想知道伊丽莎白是否从痛苦中走出来了。罗宾说那位女士确实做到了，她尝试参加了拯救灵魂团体，每个月抽出两天时间去她家不远的一家少年犯罪中心，与那些她曾经深恶痛绝的孩子进行零距离接触。开始有些不自然，但过了一段时间，她发现这些孩子真的有以前她不知道的一面，这些孩子的内心十分渴望得到别人的爱，有的甚至于只希望能够深情地呼喊一声“妈妈”。伊丽莎白融入这个团体，并像其他人一样认养了两个孩子，她每个月去看望这两个孩子，每次都给他们带去她亲手做的食品。当那两个孩子从犯罪中心走出来的时候，伊丽莎白又认下新的两个孩子，这种做法一直持续了很多年，就在前几年伊丽莎白离开了人世，临终前她握着罗宾的手说，我已经没有什么遗憾了，因为如此幸福过，我真的没有想到我用我的爱心宽容对待那些孩子，他们给了我一直渴求的天伦之乐，我拯救了他们，也解救了我自己。

这个故事给我的震撼很大，因为我看到了人类最伟大的美德——宽恕的力量。女士们，如果你也为伊丽莎白感到高兴，因为她是在自己生命中的最后几年，用宽恕的态度将自己从失去儿子的痛苦中解救出来了，不过我很遗憾地说，女士们虽然会为伊丽莎白解救自己的做法感到高兴，但似乎并没有要解救自己的意思。

我曾经交过百万的学习费用，其中有一次一次性缴纳25万元，对方承诺三年的学习最终只有一节课，仅用半天的时间敷衍了事，很多人上门要求退钱，甚至动用法律解决，可最终我选择宽恕。不管别人犯下什么错，我都尽量让自己以宽容态度去对待，我自己的情绪是最宝贵的，我不要因为别人而破坏我当下的情绪。我告诉自己，钱是赚出来的，不是讨出来的。女士们，如果你从现在起能够真正地做到宽容对待别人，那么你马上就会变成受欢迎的人了，事实上这种宽容的态度就是人际关系的润滑剂、人与人之间的桥梁。女士们，我相信你们都是最优秀的，善良是上帝赐予你们的独特魅力，我相信女性在面对一些人的错误时，哪怕是一件非常严重的错误，你们也尽可能以宽容的态度对待，这是女性的美德之一，也是女性获得别人认可，将自己从痛苦当中解救出来的最好办法之一。

三、微笑。钢铁大王安德鲁·卡耐基手下最得力的助手，曾经骄傲地说过，我之所以能够成为全美薪水最高的人之一，是因为我有迷人的魅力，我的人格、我的品德以及我与人相处的秘诀都是我取得成功的原因，然而我最迷人的地方还是那发自内心的微笑，我的微笑绝对价值百万。

女士们一定要记住，甜美的微笑是比任何花言巧语都有说服力的，作为一位女士，不管是不是外表迷人，只要你能够向别人微笑，那么你无疑就是向别人表示：知道吗，我非常非常喜欢你，是你给我带来的快乐，能够见到你使我非常高兴。

一位大公司的总经理曾经和我说，我宁愿入住那些虽然破旧但可以随时看到微笑的乡村旅馆，也不愿走进一家有着一流设备，但看不见一丝微笑的高级宾馆。的确，任何人都不能抗拒微笑的力量，因为所有人都希望别人喜欢自己。心理学研究表明：微笑是与人形象有着奇妙的关系的，虽然微笑不过是一种面部表情，但它反映出了人内在的精神状态，如果女生们不相信，可以想象为什么狗这种动物能如此招人喜欢，其实很简单，因为它首先向我们表现出喜欢，自然流露出一种兴奋之情。在喜欢的感染下，人类自然把它当成最忠实的朋友，因此我应该告诉各位女士，如果你们渴望他人能够非常高兴看见你，那么你首先要做的就是看见别人非常高兴。

不过值得注意的是，微笑并不是简单做出表情，而是真诚地由衷地微笑。如果你在不情愿的情况下做出了机械的虚伪的微笑，反而会招来别人的厌恶和反感。美国最大橡胶公司的总裁曾经说过，一个人不管做什么事，如果他快乐地去做的话，他多半可以成功，但如果他不开心地去做，他几乎不会如意。在我们所认识的人中，他们的成功原因在于他们乐于经营他们的事业，有些人对他们的事业失去了兴趣，变得苦闷，最后走向了失败。莎士比亚曾经说事情没有善恶，其实思想也是一样，林肯说大多数人得到快乐往往和他们想要得到的差不多。是的，我们必须清楚，我希望我们能够微笑地面对别人，这不仅仅是让自己成为受欢迎的女人，事实上也是让自己生活在快乐之中的最好方法。

当你外出的时候，对着镜子看自己是不是愁眉不展，然后抬起头挺胸深深吸一口气，让新鲜空气充满你的胸膛，在路上不管遇到谁，只要是你认识的，你都要微笑面对他们，如果需要握手，你还必须集中精神，没有什么可犹豫的。误会、愤恨、仇恨，这些都不值一提，当你遇到生活中所谓的敌人时，整一整帽子，动一动裙子，微笑地向他走去，发自内心地说一句“你好”。

中国商人之间一直流传着一句话，我认为女士们都应该把它写在纸上，设成手机桌面，这句话的大体意思是：只有微笑着做生意才能赚到钱，想让别人喜欢，想让自己魅力焕发，那么就开始微笑吧。

四、有同理心。你是否有过这样的时刻，风尘仆仆地忙碌了一天，进入深夜后才结束一天的行程，此时天气突然下起了大雨，你拖着行李，好不容易找到一家旅馆，身上已经湿了大半，鞋子黏黏的，进去之后却发现没有空房间，你可能要面临露宿街头的境遇，对于已经很疲惫的你，是否心情更添了一次烦躁呢？

这是真实的故事，有这样一对老夫妻狼狈地进到了这家旅馆，没有房间的坏消息让他们更添一层疲惫，他们正准备转身离去时，前台小伙子对他们说："我们其实还有一个小房间，但是很简陋，算不上客房，如果你们不嫌弃的话可以休息。"这对夫妻就入住了，第二天退房时发现这个前台小伙子怎么会趴在柜台上睡觉，当叫醒他付钱时，小伙子竟然说不收钱，这是为什么？原来，这对夫妻入住的房间是他的房间，他说："你们没有住酒店的房间，所以不应该收你的钱。"这对夫妻感动惊叹极了，说："小伙子，你是我见过最好的酒店经营人，你的善心和服务品质会有更好的机会让你大展宏图的。"小伙子笑笑没说什么，送走这对老夫妻后，转身继续投入到自己的工作中。过了一段时间，他收到一个信封，里面是一张去纽约的单程机票，还有这对夫妻写的话，对他的友善表达感谢，并且邀请他去纽约。

小伙子按照信上的地址来到了纽约市中心一座金碧辉煌的大楼，接待他的是那个深夜来访的老先生，原来他是一位亿万富翁，他买下了这座大楼建成了酒店，对小伙子说："记得吗？我说过，你会得到报答，如果可以，我希望你来这里做经理。"小伙子简直不敢相信："您一定是在开玩笑吧！"老先生没有在开玩笑。这位老人的名字叫威廉姆·华尔道夫，这座辉煌的建筑是最早的华尔道夫酒店，这位前台小伙子叫乔治·波特，他是华尔道夫的第一任经理，华尔道夫现在隶属于希尔顿集团。乔治·波特是酒店服务业五星标准的创立者，他好像天生就知道顾客想要什么，在他的经营下，华尔道夫成为全球最知名的酒店，在电影《闻香识女人》中，剧中的华尔道夫酒店被称作“一切文明的焦点”。电影《了不起的盖茨比》也在这里取景，各国元首、总统等政要是他这里的常客，很多人称华尔道夫酒店就是一个小联合国。

良人如玉，让人舒服的人就好像一块温润的美玉，她们的魅力来自丰富、内敛、温情、善良，由内而外散发出的一种高贵。

五、赞美，我指的是发自内心的赞美，不是为了对方的地位和你想达成的某些事去赞美，是认真地觉得对方好的地方，赞美他。不要吝啬赞美，诚心实意的赞美能浇灌出芬芳的花朵。

有一件事情让人很尴尬，有一次我和朋友去见一位重要的合伙人，对方脸色黑青，我还在想她是否最近遭遇什么事情影响了心情，或者身体不舒服，她的脸上明显可见一块块黑斑。我的朋友见面就夸赞对方：“哇，姐，你最近气色很好啊，皮肤这么好，太漂亮了！”我一脸问号，很想钻进地缝里，看得出对方的脸更黑了，这明显不是她想听到的恭维话，说真的，她的皮肤真的不好，果不其然对方沉着脸说：“没有吧，最近皮肤很不好我知道的，说吧，你们什么事开始吧……”哦，我感觉到她很不舒服了，这真是一个不好的开场白。

关于赞美我有两个建议，首先，当你夸赞别人的时候一定要真诚，夸赞你真的认为对方好的闪光点，是真是假你的眼神、你的表达对方是能感受得到的，并且在赞美人的时候最好不要超过三句。其次要尽量赞美细节，“你的眼睛真迷人”会比“你真漂亮”更让女生开心；“你鞋子和领带颜色搭配得真好，好有品位”会比“你今天看起来不错”更让男士舒服，“今天开会太棒了，尤其是您说的××××这句话”，然后具体就某句话分享自己的心得或学到了什么会比“今天听您一席话我真是受益匪浅”更让老板有成就感，尤其让人尴尬的是，如果老板突然反问你一句：“哦？是吗？哪一点让你受益匪浅呢？”若一时答不出来就难堪了。所以说赞美要建立在真诚和细节上，让人听着更舒服。

选择好伴侣

曾经我的一位女学生让我印象深刻，她是西北女孩，浓眉大眼好身材，是非常标准的美女，我一个女人见了她都喜欢，她有一个长期交往感情很稳定的男朋友，已经在一起4年了，女生想结婚了，可是男朋友迟迟没有想结婚的念头。在无意之间，她从他们共同的朋友那里得知，原来他们在交往的这4年当中，他身边的朋友看到他带过超过十个以上亲密陪伴的女生出来和他们吃饭。这个女孩崩溃了，最后选择了分手，在交往过程当中，识别男人也很重要。说得容易，真的遇到喜欢的人了，情绪和感觉会控制理智，那在感情没发生之前该如何做一些基本的筛选呢？

一、毋庸置疑的，已婚的或者有女朋友的男人绝对不能考虑。如果你对这一点有疑问，建议尽快给自己的智商充值。

二、不在同一个城市的，并且不打算换城市生活的最好不考虑，因为成功率太低。

三、教育背景、价值观、生活习惯相差太远的尽量不要考虑。一辈子磨合的痛苦远大于短暂新鲜感带来的激情。

四、对方综合条件比你差太多，仅仅是靠长期追求让你感动的那种不要考虑，因为他在未来变脸的可能性很大。很少有男人能一辈子忍受压抑的。

五、尽量避免和同事有暧昧关系，除非你们认定彼此很快就要结婚。兔子为什么不吃窝边草？因为草吃完了，你很可能就得挪窝。

六、打算吃软饭、无心工作赚钱的男人不要考虑。

七、从来不问你想怎样的男人，这包括：不关心你饮食习惯和作息时间；不关心你心情和疲劳；不在乎你心情如何硬要亲热；等等，不包括关心你的星座之类无聊东西。这类男人不要考虑。

八、不鼓励你学习和阅读，打压你追求成长的男人不考虑（通常这类男人也不喜欢学习、阅读，缺乏内涵）。

九、要你婚后留在家相夫教子做家庭主妇的男人不考虑（如果你本身喜欢这种生活，对方也同意，那好吧；如果对方不管你喜不喜欢，主观要你这样，那就算了吧）。

十、不愿意沟通的男人。老是以要应酬、很累、很烦等借口拒绝聆听和沟通，看见你流眼泪很不耐烦、说不要哭的男人不要考虑。

十一、不愿意分担家务和生活琐事的男人不考虑。无论多热烈的爱情都离不开油盐酱醋。那个男人可以送花给你，却不愿意为你做一顿饭的话，可以预计现实生活会将一个女人的热情和青春迅速消耗。

我在线下做教育辅导十几年，面对面疗愈、解决问题的女学员超过万人，我深深感觉到，其实上述这些问题，在大多数人的婚姻或者恋爱当中都有，少则两三条，多则超过一半。对照上面看看，在你的亲密关系中占有多少？尤其想和你分享的是，如果你有“算了，这么多年了，习惯了”“不知道该怎么办，很迷茫”“差不多就行，分了也不知道还能找什么样的”这样的想法，请调整你们的亲密关系，那真的不够理想，幸福可以很久，痛苦也可以很久，你要幸福很久还是一直痛苦下去？彼此沟通找出症结所在，一起面对、解决是最理想的情况，而在沟通中，常常设想的“沟通”就变成了“吵架”，这时候就需要很高的情商来掌控对话。

幸福从好好说话开始

好好说话管住嘴。我们所指的沟通方式绝对不是吵架，绝对不是争吵。我们看到很多夫妻说他们过了一辈子没红过脸没吵过架，我想他们一定也有意见不统一的时候，但他们都是沟通而不是争吵。

有一次我在给孩子整理衣物的时候，发现孩子脚上的袜子小了，对丈夫说你看看孩子的袜子都小了。现在回想起来，我承认当时我的语气并不好，好像是在抱怨他没有及时关注孩子的成长，其实内心深处我想要的是他更在意我们。可是由于一直以来我们的沟通方式都是带着刺的，导致他听到这句话时也立刻回了一句："小就小了呗，你去买不就行了吗？有什么好惊讶的，大惊小怪。"因为这件小事我们又吵了起来。或者我给他买了个包他会怀疑地说，真的假的？你还会选包吗？明明心里开心却仍要数落你，用贬低别人来抬高自己。有时早上起来，我最先听到的声音就是指责，指责我被子叠得不够好，客厅不够整洁，仿佛我的功能就是低声下气收拾家务。

我们彼此忍受却又不会沟通，为什么我们会这样处理感情？我想和彼此成长的经历也是离不开的，我的妈妈28岁结婚，在那个年代算是难以想象的晚婚，她的性格刚烈果敢有魄力，而我的爸爸读了书有些文化，总是翩翩君子的样子，在家里爸爸妈妈的角色活反了，爸爸需要温柔需要鼓励，而妈妈需要宠爱和呵护，两个人都不会表达，情绪的种子无处安放，常常引发争吵。回想起父母的状态，是促使我决定离婚的一个原因，我想幸福不是将就来的，与其一直争吵，不如分开各自寻找幸福。分开后我们都过得很好，我很感谢前夫一直照顾三个孩子，让我有时间可以做事业，也正是因为做了决定走到现在，我才知道幸福不是别人给的，最牢靠的肩膀和安全感都是自己给自己的。

在那些年的日子里，我的情绪极度压抑。在冷言冷语的打压下，我的头越来越低，我觉得自己好糟糕。在他身边我失去了不仅是女人，甚至是做人的意义。而那时的我也不会撒娇，只会不顶嘴地逆来顺受，内心里渴望被肯定。我们双方情绪背后的原因都是对认同感的追求，缺少的就是好好沟通。回想起以前的相处，如果我们彼此都能对沟通了解更多，更会理解对方想要什么，一定不是现在的结局，我前夫想要关注和夸奖，我想要的是鼓励和体贴，我们都没能好好说话，棱角碰棱角，显然这是不可取的。

当两个人发生矛盾的时候，女人肯定会痛苦烦恼，被自己的坏情绪淹没，没结婚的女人放在嘴边的就是分手，结婚的女人放在嘴边的就是离婚，像小孩子似的“我不和你玩了”来表达自己不满的情绪，大多数情况下女人通常心里想的不是离婚，但之所以提出离婚，一是为了表达不满情绪，二是认为男人不可能跟自己离婚，用这种说法来威胁他，希望对方能够更关心自己。但是男人是自尊心强的生物，女人嘴边的离婚二字不断给对方强化一个信息，就是我们的关系很容易破裂，潜台词就是你不适合我，这是对男人的一种否定，会打击男人的自尊，激化夫妻间的矛盾。

人与人之间相处总有磕磕绊绊，夫妻结婚本身就是两个矛盾体的结合，结婚以后年轻夫妻的脾气需要磨合，伴随吵架常有的事，问题是要正确地看待婚姻中的矛盾，找个机会好好和对方沟通一番，用宽容的心来包容对方。现在当发生问题的时候，我一直奉劝身边的朋友，你们不是“男人vs女人”在打架，而应该是“你和他vs问题”在解决，我们不要站错队，我们和另一半应该是站在一方的，我们来面对这个问题解决这个问题，而不是你们两个人各站一边打了起来。在吵架的时候，最忌讳的就是说对方的痛点滔滔不绝。你与其口吐莲花，不如细细聆听，听对方对这件事情的愤怒的点在哪里，你们意见不合的点在哪里。沟通是一个双向的过程，一个人说不听对方的，那不叫沟通，叫讲座，如果一方一味地表达自己的愤怒情绪，而忽略对方的回应和感受，就会出现交流失衡的状态。可是糟糕的是，在婚恋生活中，不少女性就充当了只说不听的角色，有些女性心直口快，善于表达，高兴或不开心，都急于找爱人诉说，喋喋不休，爱人有话说也不给他机会。

撒娇女人最好命

不要觉得肉麻，请跟我一起认真思考，你距离撒娇有多远？你多久没撒娇过？你真的知道撒娇的魅力吗？很多女生觉得看不住男人，有一部分原因是女人没有学好这一堂夫妻课——撒娇。会撒娇、懂得如何撒娇的女人，能让男人把你当宝贝一样疼爱着。不过撒娇并不是在男人面前随意哼哼两句就完事了，弄不好会让男人对你更加反感。撒娇是有技巧的。

撒娇是存在于我们人类天性里面的一个示弱的技能，不是真的弱，而是“示弱”。撒娇的女人懂得示弱，那懂得示弱的女人多半是个幸福的女人。可是当代女性有一个误区，特别不屑于撒娇。心想着："我堂堂一个当代女性，有地位有品位，又独立又美丽，为什么要装出一副弱不禁风的痴呆少女样子呢，干吗这样取悦男人啊，而且肉麻得要死……"其实女人的撒娇不是为了取悦任何人，这不是真的撒娇，撒娇的内在动力是被宠爱、喜欢、愿意等情感。

一个女人真正的撒娇应该是把自己身上的盔甲全都放下来，然后把内心那个渴望疼爱、不想长大的小孩放出来，这个样子才是真的撒娇。撒娇可以让你更被疼爱，撒娇是一个人的本能，很多姑娘会说：哎呀，老师，我不会撒娇啊。其实每个人都会。你想想，小时候我们一定都跟自己的父母撒过娇，希望得到更多的重视和关爱。同样的道理，在恋爱中时不时地撒娇也会让男性感受到被你需要，激发他对你的保护欲，更加疼爱你。撒娇本来就是示爱的一招，让他明白："我能摆平这世界的一切，但只有在你面前，瞧，我还是个长不大的小姑娘呢。"所以，永远不要放弃撒娇这个技能，它会让你成为可爱的女人。

撒娇是两性相处的润滑剂，撒娇不是为了取悦任何人，它也可以说是一种沟通方式，可以减少感情中很多的摩擦，大事可以化小，小事可以化无，无事一身轻松。大家是否还记得电影《撒娇女人最好命》中那个高情商的女生是如何用撒娇的方式撩男主角的？男主角正在沙发上起劲地玩着手游，女生先是用脚从下往上触碰男主角的腿，再娇滴滴地说了一句："宝贝儿，你确定这个房间里没有比手机更好玩的东西吗？"然后男主角瞬间就秒懂了，立马扑向了她。但是，大多数的姑娘面对这种情况，通常就是夺过男友的手机，然后冲他发泄一顿，要么就是大吵一架，你跟你的手机过一辈子吧，结果就可想而知了。

那如何有技巧地撒娇呢？撒娇分为言语撒娇、肢体撒娇、分层次撒娇这三种。

首先是言语撒娇，就是给对方起一个专属的外号，一般的称呼如亲爱的，老公等，时间一长就会失去新鲜感。但是给对方起一个“专属代号”，会让你们的专属感和甜蜜度倍增，有这样的催化剂，会让两人的感情既有趣又不缺新鲜感。同时学会运用否定句表达情绪，虽然你在吃醋，虽然你对他的某种行为表示不满，但是不要直接说出来，要使用否定句来表达，会让人看出你在克制嫉妒或者不满情绪的可爱。比如说“我可没在吃醋哦”“我可没有生气哦”等。这其中的顶级用语就是“讨厌”。“讨厌”这个具有诱惑色彩的词，无论在什么场合，都能把你温柔妩媚有女人味的一面释放出来。但是这个词也不能用太多，不然会让人感觉你太做作。你还可以试试偶尔耍赖不讲理，发生矛盾的时候，你可以偶尔用可爱的语气耍赖地说出“我不管嘛”“我就要”耍赖一下。这样做既能让对方知道你的立场，也能防止让争辩演变成争吵，缓和你们之间的气氛。

其次是肢体撒娇，要有选择性地使用一些女性特有的动作，比如：咬他、捏他、捶他、点他等。温柔地靠在他的怀里，这样做增加信任感，或者紧紧地挨着对方，抱住对方，头贴在对方的怀里，头微微抬起，显得有抱怨之情，此时只要不是钢铁直男一定会紧紧地抱紧你的。

最后是分层次撒娇。我的一个学员之前和闺蜜逛街，没有陪男友过生日，结果男友特别生气。通常的情况下你会怎么去化解这次矛盾呢？这个姑娘当时只是拉着男友的手哼哼唧唧的，结果男友的气不但没消，反而更生气了。学员很疑惑地问我，为什么我对他撒娇却没有效果？这里的撒娇就需要运用分层次撒娇了。首先在回家之前买个生日礼物给男友，然后撒娇地对他说："不要生气了嘛，都是我的错。"

第一层次的撒娇只是试探对方的反应，如果他无动于衷，紧接着进行下一层次的撒娇，接着说："人家逛街到处给你看生日礼物的，脚都疼死了，到现在饭都没吃，肚子饿得咕咕叫呢。"说完就把礼物轻轻地放在他的旁边。这时他的内心肯定会有一些松动，但如果此时他还是没完全原谅你的话，就继续下一层次的撒娇。"我知道你在家一天也很累了，我来给你揉揉肩，捶捶背吧。"手和嘴并用之下，一般情况下男友都会软下来了。此时的你就顺势坐在他的腿上，小鸟依人般地靠在他的怀里，双手紧紧地抱住对方，楚楚可怜地看着他，男友的气瞬间烟消云散。这样分层次的撒娇是根据男人当时的状态变化而不断升级的。

所以你一定要明白，没有驯不好的爱人，只有不会驯的女人，运用你的智慧和技巧，把你的撒娇用在刀刃上。

李嘉诚请吃饭

我看过一篇万通地产的董事长冯仑先生写的文章叫作《李嘉诚请吃饭》，内容颠覆了我对商业大佬的想象。

早年间的冯仑、马云、牛根生都是李嘉诚创办的长江商学院的学生，那时的他们还没有像现在这样的江湖大佬的地位，而李嘉诚彼时已经是华人首富了。这样一位首富级别的人物，要请大家吃饭。在吃饭前大家在心里面难免都会有情景假想，想着明天我一定要穿得西装革履的，要符合国际的标准礼仪，皮鞋要擦得锃亮的，还要喷上最好的香水。最重要的一定要坐在最好的位子，拍照也要在最好的位置，要想几个好问题，多跟李嘉诚问问题。

结果没想到第二天的情景让所有人都大跌眼镜，事实跟大家想象的完全不一样。事实是，当这班学生到达饭店，一出电梯，发现70多岁的李嘉诚，竟然站在电梯的门口一一迎接大家，他亲自跟每一个人握手，发名片，同时让大家去抓阄，每个人抽一个数字，这个数字决定你坐在哪一个桌的哪一个位子。你看，大家不用去担心抢位置的问题，这多让人感到公平舒服啊。入座之后，冯仑特别幸运地跟李嘉诚分在了同一桌，心想我可要好好跟他聊一聊。没想到的是，饭吃到第15分钟的时候李嘉诚起身了，剧情再次发生反转，他起身干吗呢？他竟然去到另外一桌，原来他在来之前就已经想好了，一共四桌同学，一个小时的吃饭时间，每一桌可以停留15分钟，也就是说能够保证跟每一桌的每一个人都有一分钟的交流时间，都能够面对面地聊几句话。你看，没有任何厚此薄彼，没有地位之分，每个人都被很公平舒服地对待了。

所以说大哥就是大哥，临走的时候他站起来跟大家道别，连在墙角的服务员他都一一跟人握手表示感谢。最后亲自把所有人送上车，尽自己完全的地主之谊后再离开。太夸张了，我想象中的首富大佬出现，不应该是一群记者、六个保镖、八个助理、九个保姆的所有人跟着他前呼后拥吗？也许你会说，因为我不是首富啊，如果我那么有钱我肯定对人态度也特别好，我肯定也特别谦卑，因为有钱我心情好呀，我肯定也让别人舒服。我想说的是，不是做到这个位子才这样，是因为这样才能做到这个位子。李嘉诚在创业的时候就是一个穷小子，他之所以现在能够做到这样的高度，是因为他从最开始就拥有这样的态度，他从最开始就让身边所有的人都感到舒服，大家才愿意跟他在一起，靠近他愿意合作。

我还听过一个很夸张的事实是，以他的身份如果跟别人合作，多拿一些分成是可以的，也是应当的。但是他每次都只要求分到利益的百分之三十，拿三成或拿四成，让对方去拿七成拿六成，正是因为这种“愿意让别人赚钱”的心，所以每个人都愿意跟他做生意。让别人舒服不是世故，而是一种本事，这是成功人士的特质。李嘉诚到现在有这样的地位，不仅仅是他的实业、他的财产，更重要的是他的软实力，也就是他个人的人格魅力，其中最大的一个特质就是“与人相处让别人舒服”。高度不够就看到的都是问题，高度够了，看到的都是如何解决问题的方法。

娱乐圈大家长何炅老师

有人认为，高情商的人就是隐藏自己真实的情绪，控制自己。其实，高情商不是善于掩饰自己的情绪，而是善于管理自己的情绪。真正高情商的人通常会通过直面自己的情绪，体会和调节，来达到控制干扰情绪的目的。说话让别人舒服，就是要处处为他人着想，那岂不是委屈了自己，这样不累吗？关于这个问题，我们来看看在娱乐圈出了名的人缘好的何炅是怎么回答的。他说："我不但可以弄好我自己，我还可以让你开心，我也没有为难自己，我不辛苦。而且在整个过程中，我自己很习惯，甚至很享受。"

何炅的高情商，重点表现在他能敏锐地察觉到每个人哪怕最微妙的情绪变化，然后通过一些语言或者动作，化解掉其中的尴尬。谢娜说话一向没遮拦，有一次在节目里一直说自己特别怕黄磊，大概意思是黄磊经常给她上人生课，常常把她弄哭。谢娜和黄磊关系本身很好，他们一起演话剧《暗恋桃花源》很多年，互相调侃偶尔提一下也没什么。但不顾及其他明星嘉宾还在场，一直说个不停，其实还是蛮尴尬的，而且关于黄磊，一直也都有网友不满他"好为人师"。

何炅就很聪明地捕捉到这其中的微妙，后来就一直和谢娜她们说："其实黄老师不是严厉。"然后又说了很多，大概意思是夸赞黄磊说话能一下子戳中人心，让人变得柔软，想起很多事情，所以会把谢娜搞哭，还又加了一句："她哭得那个厉害啊，搞得我也陪着她哭。"既捧了黄磊，又说明了他和谢娜关系特别好，让谢娜也觉得很舒服。如果你是黄磊和谢娜，你会不喜欢和这样的人在一起吗？

有一次在《快乐大本营》，某位大前辈把何炅的名字念成了“何灵”。何炅不但没有当即指出他读错了，也没有生气，立马解释道：“大家不要误会啊，这是我们之间的一个昵称。”何老师这样的例子实在是非常多了。比如杨幂还没大红的时候上《快乐大本营》，说自己是野花，何炅赶紧圆场说：“幂幂的意思是不做温室里的花，野花的生命力更顽强。”在爆红的综艺节目《向往的生活》里，连智商情商同样都爆表的黄磊也不停地夸赞何炅：“他是一个让所有人都觉得很舒服的人，他非常有同理心，对任何表达的事情都感同身受。”有一期《向往的生活》里，彭昱畅他们外出去买肉，去了很久，直到天黑才回来。何老师在看到彭昱畅他们开门的时候，没有发出质问的声音，反而是很温柔地问了一句：“辛苦啦，怎么这么久，都想你们啦！”何老师的一句话让彭昱畅等人知道有人在担心在牵挂他们，心里暖暖的，十分舒服。还记得有网友调侃陈赫在蘑菇屋好吃懒做的行为，陈赫曾经做客蘑菇屋，面对劳作，他都以腰疼、紫外线过敏等种种借口来逃避。为此，当时节目播出之后，有一大部分网友纷纷在网络上抨击陈赫好吃懒做。在之后的节目录制中，何炅在插秧的时候道出了当时的真相，原来当时陈赫录制节目录到了凌晨五点多，完事了就直接来到了《向往的生活》，虽然很累但还是将该干的活都干完了，一点都没有偷懒。看到这里，网友纷纷心疼起了陈赫。如果不是何老师的澄清，陈赫要被误会多久呢？有记者采访王珞丹的时候，问她做主持和何老师搭档说会不会担心，王珞丹就说：“跟何老师做节目永远也不用担心，不管自己说错什么，他一定会兜住你。”

《奇葩说》辩手姜思达说:“何炅老师来《奇葩说》之前，我在一个颁奖活动碰到过他，他坐第一排，我坐第二排，他当时就很热情过来和我说话，称赞《奇葩说》，他完全没有必要说那些话，可是他表达了，就让人很开心。”《奇葩说》出品人马东评价何老师:“情商特别高，那种周到和八面来风，都在他掌控之间。而且何炅送的水果很好吃，都是特别好的水果。我们的盒饭，嗯，哎呀……可以说他的水果，让我们的餐饮提高了一个级别。”

还有一位辩手在发音过程中想找一位导师做开玩笑的对象，我看到她选了一圈，她说是因为何老师捕捉到她的心理并且点头微笑鼓励她，最后选了何老师，自然、舒服。很多选手说第一次在现场看到他帮被打断的选手重新对词，提醒他刚刚说到哪里，那时候真的被震惊到。因为选手的发言被打断之后，其实是懵的状态，尤其是情绪出现断点，就很难接上，所以何老师真的让人很有安全感。他有时候还会帮选手总结，和选手有眼神交流，鼓励发言的选手，最让人安心的是:他永远不会让你感觉被抛弃。就像马老师说的，他有能力让每一个人舒服，如果你非说这种八面玲珑是虚伪，我只能说那是因为你没有他的善良。

正是由于这些细节，何老师积累起的人脉大到你无法想象。4月28日是何老师的生日，每年这天，几乎整个娱乐圈的明星都会送上自己的祝福。就拿去年来说，共有133个明星给何炅送上祝福，从一线大牌到各界巨星，从当红花旦到流量小生，齐刷刷刷不到底。

情商高，主要是让别人高兴；智商高，主要是让自己高兴；智商高情商也高，就是自己高兴了还让别人也特高兴。让别人舒服，就会有更多人愿意靠近你，更多贵人出现，更多机会愿意介绍给你，你的位置也会越来越高。

会说话的萧皇后

在历史上萧皇后是位神奇的女人，她的名字是萧美娘，相传有五位皇帝都爱上她，在乱世中她得以善终，当然不只靠颜值，还有处世的高情商。

萧美娘的童年并不幸福，因为她出生在二月份，而当地的风俗认为二月出生的人不吉利，所以萧皇后的皇帝老爹害怕她给自己带来灾祸，所以干脆就给她养在宫外头。萧美娘只得寄养在舅父家，几经转折，堂堂一个公主竟然每天干粗活。把这些童年的波折转化成力量后，反而由此造就了一个情商很高的萧皇后。当时隋文帝夫妇找人算命，发现在这些大户人家中，只有萧美娘和杨广的八字合适，所以萧美娘便从一个落魄公主成了杨广的王妃。这段姻缘是隋文帝夫妇钦点的，而且杨广聪明，他知道父母得意这个儿媳妇，所以为了讨父母欢心也对老婆好，这么一来隋文帝夫妇一看，自己儿子乖巧懂事，比太子杨勇更加听话。萧美娘自己也争气，生下了五个孩子，况且在她生第一个孩子的时候，杨广做了一个梦，梦见有天神下凡投胎，结果醒来之后没多久萧皇后就怀孕了。杨广十分高兴，这不就意味着自己的老婆要给自己生个小吉星吗！接着太子杨勇被废，大臣高颎还说晋王妃不光命格大，还怀了天神，这就是公开支持下一任皇帝就是杨广了。

后来宇文化及起兵造反，隋炀帝杨广被手下缢杀，宇文化及在大殿中看到了貌美的萧美娘，为她的美貌，更为她的气度所折服，将她带回了自己的府邸并封妃。但宇文化及的轻浮与狂傲就决定了他不是个长久的主，不久就被李密打败。没多久，建立了夏政权的窦建德，灭了宇文化及，顺便也带回了萧美娘。窦建德也对萧美娘极其宠爱。后来在义成公主的干涉下，萧美娘被带到突厥。没有想到萧美娘的美貌也打动了突厥可汗，成了突厥可汗的爱妃。后来老可汗死后，颉利可汗继位，顺带着继承了老可汗的妃嫔们。萧美娘来到突厥的时候已经38岁。已经过了女人一生中最好的年华，却仍然有那么大的吸引力。在匈奴十年，沙漠干燥，她坚持用牛乳洗澡，每天保持好的精神状态，从不自暴自弃。

十年后，也就是唐太宗贞观四年，唐太宗派大将李靖大破突厥，作为萧美娘第五任丈夫的颉利可汗也丢了饭碗，幸运的是没丢脑袋。萧皇后再次作为战利品被带到了胜利者李世民的面前。世上如果有征服男人的万能钥匙的话，我想萧皇后就是了。此时的她已经48岁，而李世民才33岁，但是在看到她的第一眼起，李世民就被这个云髻高耸、腰似杨柳、脸似牡丹的女人征服了。某次宫中宴会，到处张挂华丽的宫灯，桌上堆满山珍海味，唐太宗以为这种场面已够豪奢了，因此问身旁的萧皇后："卿以为眼前场面与隋宫相比如何?"其实，眼下这点排场距离隋宫的豪奢情形还差得远呢！隋宫夜宴时并不点灯，而在廊下悬挂120颗直径数寸的夜明珠，再在殿前设火焰山数十座，焚烧檀香及香料，既可使殿中光耀如白昼，又有异香绕梁，如入仙境，每晚烧掉的檀香就有200多车。对此，萧皇后不便明说，只是平静地说道：“陛下乃开基立业的君王，何必要与亡国之君相比呢！”太宗立即明白了她话中的含义，深为她的明晓事理和言语得体而折服，对她愈加敬重和疼爱了。萧皇后在唐宫中度过了18年平静的岁月，67岁时溘然而逝。李世民以后礼将萧皇后葬于杨广之陵，上谥愍皇后。

如此结果，是曾经的萧皇后所万万没想到的。她在大唐的宫殿中幸福地度过了自己的余生。贞观二十二年，她卧在病榻上气息奄奄，她梦到了许多事情，也回味了自己不同寻常的一生，最终安然地闭上了眼睛。岁月峥嵘，往事悠悠。这个柔弱的女子走完了她不同寻常的一生。

看完这一章后，加强管理你的情绪，做一个新的决定，开始好好说话，开始倾听，善于发觉你伴侣的情绪，从每天花10分钟了解一下你的他今天做了什么开始吧，花2分钟赞美你的伴侣，花5分钟做肢体语言沟通、拥抱亲吻等，花20分钟做同理心的沟通，每周花2小时单独吃饭看电影。情商提高了，不仅是爱人间的亲密关系，你的各种关系中都会更快乐。

直播间见证：

进入社会后陆陆续续听过很多老师的情商课，都没有让我动心过，唯独听到现在COCO老师的六商内容之后。COCO老师是我最欣赏最崇拜的老师，第一次刷到，我就好感动，进入这个直播间是我最大的收获。

第一次听了COCO老师您的直播以后，第一时间立马关注您，第一感觉您很实在，不会去假装些什么，无论是性格方面还是说话的方式，就觉得很真诚，也是发自肺腑之言，您不为了一点商业利益而去做一些违背自己良心的事，当今社会这种人真的很少了。有时我在想如果早点关注您就更好了，但现在也不迟，哈哈。真的很感谢您每天辛苦的付出！每天给予我们爱的滋养、陪伴我们度过一个又一个的美好时光！我想说的是无论您在哪里，都有我们这一群铁粉一直陪伴到底！我们爱你，我们也会一直跟随！

——网友“天涯”

第三章
智商

怎样做才是智慧？

“太太”称呼的由来

做这八件事让你成为智慧女人

你误解了埃及艳后

怎样做才是智慧?

我认识很多聪明的女生，也认识很多不算聪明的女生，我发现，幸福与否与聪明之间有着微妙的关系，要怎样把握这个度就是一门学问了，我常常看到不聪明的女性会做这样的事情。

她们很容易拆穿他的谎言，谎言分为很多种，有善意的，当然也有恶意的，聪明的女人不管什么样的谎言她都可以猜得到，因此比别人活得更累。人活着的一生，不可能都是绝对真实的，生活中总有一些小小的无伤大雅的谎言，如果每个谎言你都能看透的话那你要承受的事情真的太多了。男人大多不喜欢自己的女人太聪明，总觉得在她面前自己的所有事情都被猜透，因此现实中太聪明的女人确实很难有幸福感。

她们很容易猜到他的惊喜，我知道你是个聪明人，聪明到你知道你的另一半会送你什么礼物，比如你们一起逛街也许你表达过你喜欢某样东西，处在热恋中的你确定男朋友会买给你，刚好到了一个节日，你男朋友问你："猜猜我给你买了什么礼物？"或者，在一个浪漫的晚餐后他刚准备拿出来礼物，你就抢得先机地说："我知道了，是不是上次我说的×××！我就知道你会买！"傻女人，男人要的是你感动的样子，他要看到你惊喜雀跃，抱住他的脖子说"我爱你，谢谢你的礼物，我很喜欢"，这时候你不要太聪明去破坏气氛。惊喜是爱情中的调味剂，否则爱情就会变得枯燥难忍。也许很多惊喜都很幼稚，聪明的女人一下子就能猜得出来，所以当他把惊喜给你的时候，你很难表现出真的开心。男人用尽心思地给你准备惊喜，却发现你的反响平平，他也会很失望，也就缺乏再次制造惊喜的动力。长此以往，你们的婚姻就会变了一种味道，你们两个人自然而然也就走到了尽头。

她们很容易看出他的心事，人们活在这个世上都是独立的个体，都要有自己的空间，因此心里肯定会有一些只有自己知道而不想让别人知道的事。然而太聪明的女人总是很容易就能够看出别人的心事，这对两个人都是烦恼。没有哪个人会想让自己的心事都暴露出来，这样很容易就会让男人产生反感的情绪，这对两个人婚姻也是一种伤害。

她们很难被他的行为所感动，有时男人会表现一下，帮你洗一次衣服或者做了一次饭，总之就是平时不会做的事情他突然行动了一次。没有智慧的女人会说："哎哟，今天可是出息了，表现这么好在外面干什么啦？再说这衣服也没洗干净呀！"或者说："早干什么了，我一天累死累活你也不帮我分担一下。"

傻女人啊，这时候不要再怨妇特质附身了，男人也有孩子气，做了事情他渴望被夸奖，而不是打压让他泄气，你只要称赞他夸奖他，鼓励他继续做下去就好了。

陷入爱情中的女人之所以被称为傻白甜，是因为她们因为爱而很容易被男人的一些行为所感动，哪怕这些行为是刻意的或者是很微小的行为，这也会增加两个人之间的感情。但是，太过聪明的女人一下子就能看穿男人的意图，因此心里也很难被男人的行为所感动，男人的自尊心也会受到打击，这对双方都是一种伤害。那么有智慧的女人会怎么做呢？

她们总是说自己笨，两个人在一起，我们知道，那便是我们说的甜蜜。两个人在一起，我们知道，那便是我们说的关于爱的幻想。两个人，因为是你，因为是我，所以让我前进的步伐停下。人生的路上，我们有那么多的关于未来的期待，于是，遇见了你。女人呀，你要知道，爱情中，你要学会装傻，总是说自己笨，这会让男人更加爱你。

她们总是在男人面前摇头，男人，那是我们看到的在这个世上最坚强的存在。男人，那是我们看到的在这个世上我们坚硬的后盾。于是我们知道，男人，那是这个世上我们看到的最甜蜜的美好。于是，我们走进了甜蜜的爱情，我们在爱情中期待着男人的更爱。女人呀，你要知道，在爱情中你要学会装傻，在男人面前摇头吧，那会让男人更加爱你的。

她们总是对男人露出崇拜的眼神，哪个男人不希望自己成为女人的一片天？哪个男人不希望自己成为女人的以后。于是，在这个世上的男人，总是在女人面前表现出最好的一面。

女人呀，要想男人更爱你，那么在爱情中装傻吧，你要对你的男人露出崇拜的眼神，这样才会让男人更加爱你的。

她们总是对男人说的事露出惊讶的表情，那是什么样的表情？你要知道，那样的惊讶不是你真的不知道，而是当这个男人说的你不知道。在男人面前露出这样惊讶的表情，恰恰是让男人在你面前找到了满足感。你要知道，在爱情中装傻，会让男人更加爱你的。

幸福是一种满足感，聪明的女人知道什么事情什么时候该满足。聪明并不只是体现在智力上，更多体现在心态上，对生活有一种好的心态。自以为聪明的女人并不聪明，同样所谓得不到或者没有得到幸福的女人都不是真正聪明的女人，真正聪明的女人该糊涂的时候不糊涂也装糊涂，该聪明的时候才表现出自己的聪明能干，所谓的幸福也就不是什么难事了。我们汉字的“婚”字，拆开来看，就是一个“女”字和一个“昏”字，这很让人玩味儿了。这个字从另一个角度分析，假若女人不昏了头，不昏得稀里糊涂，说不定这世上就没有爱情和婚姻了。

“太太”称呼的由来

对于有女儿的家庭和我们女人群体来说，你大概不知道，你正在培养一位“太太”，众所周知，“太太”是对女性的尊称，你知道“太太”的由来吗？在中国历史上最长的朝代是历经791年的周朝，而周朝之所以如此昌盛，我想和开国前期三位母仪天下的女性“周家三太”有着密不可分的关系，她们分别是周文王的祖母太姜、母亲太任、妻子太姒。

太姜是周朝先祖古公亶父的正妃，周文王的祖母。她是丈夫在政治和生活上的左膀右臂，太王每遇到大事，必定同她商量，没出过一件坏主意。太姜先后生了太伯、仲雍和王季三个儿子，历朝历代，争夺皇位从来都是要流血的。但太姜教导儿子兄友弟恭，三兄弟从小到大在品德行为上从没有过失。先祖病逝后，朝廷上下早已看出最有帝王才干能继承王位的是三弟王季和他有潜力的儿子姬昌（后来的周文王）这一脉，可按照长幼应该是长子登基。最难得的就在这里，两位哥哥太伯和仲雍竟主动退位，一起跑到南方的荆蛮之地，文身断发，以示不可再用。权力就这样平稳地过渡，开启接下来近800年的大周王朝。

太任是王季的妻子，周文王的母亲，太任应该是有记录以来最早实行胎教的妈妈了，她怀孕后，司马迁在《史记》中曾有关于太任怀孕周文王时的记载：“太任有妊，目不视恶色，耳不听淫声，口不出秽言，食不进异（辛、辣、苦、涩）味。”说的就是她在怀孕的时候，不看不正经的颜色，不听淫秽的声音，不说狂傲的话语，不吃辛辣生冷的食品，以保持仁爱祥和的心态，由于她能够这样精心实施胎教，所以文王出生后就明达圣哲，举止端正，才德过人。

太姒是文王的妻子，周武王姬发的母亲，据说西伯侯姬昌在渭水之滨见到了太姒，被太姒的美貌一见钟情，又打听到太姒在家做女儿时孝顺父母，做学生时尊敬女老师，于是深深地爱上了太姒。《诗经》中的《关雎》“关关雎鸠，在河之洲。窈窕淑女，君子好逑”，讲的就是太姒与姬昌的爱情故事。为了迎娶太姒，姬昌亲自跑到渭水之滨，但是渭水上面没有桥，于是姬昌用船搭成一座浮桥将太姒迎娶回自己的属地。

作为儿媳，自从嫁给文王之后，太姒非常敬仰太婆婆太姜、婆婆太任的美德，从早到晚，辛勤劳作，以尽自己当儿媳的职责。作为妻子，“文王治外，文母治内”（《列女传·周室三母》）。文王作为一国之君，忙于处理国家政务；她则是文王的贤内助，悉心料理家中事务。国家内外获得了非常不错的政治效果，姬昌的属地成为了许多人才向往的地方。作为母亲，她悉心教导十个儿子。太姒和文王生育了十个儿子。太姒悉心教导儿子们，使他们从小到大都没有做过邪恶的事情。长子伯邑考被纣王妲己所害，次子姬发后继位终成周武王名震天下。周武王驾崩后，其子周成王继位国家再次复兴，周成王驾崩后，其子周康王继位，统治期间社会安定、百姓和睦、“刑错四十余年不用”，被誉为成康之治。公元690年，武则天将太姒追封为文定皇后，陵墓成为德陵。

太姜、太任、太姒，这三位女人是我敬仰的典范，一个好女人让家族旺三代，让国家兴旺几百年。所以拿破仑说：“推动摇篮的手，就是推动世界的手。”“太太”一词，不仅是对已婚女士的尊称，更寄寓着母仪天下的深沉意蕴。这也是我写本书的初心，每一个女人，我们都应该做这样的智慧女人，这样的“太太”，让靠近我们的人因我而更好，不论什么年龄和境遇，也都要继续前进，丰富自己，装进脑中的智慧是你最大的魅力。

做这八件事让你成为智慧女人

一、糊涂

我知道很多人一定都听说过女人要傻一点。要知道装糊涂，说起来容易，做起来可真难。我们所说的糊涂，不是那种无思想无意识无主见的糊涂，而是一种以豁达宽容眼光去看待事物的糊涂，虽然世上所有的人都梦想成为智者，但如果我们对凡事都较真的话，自己也会陷入无边的痛苦，女士们不妨想一想，是不是很多事情你越清楚就越烦恼？我有一位老师，他的外公就很好地用实际诠释了糊涂的重要性。

在他外公60岁的时候被查出患了癌症，医生说他最多也就能活三个月了，可是他当天就出院了，他根本不相信自己会很快离世，相反他认为他还有很多事情需要做，那是什么重要的事情呢？你一定想不到，就是他要回家养猪，他家里有好几头老母猪，他觉得一定要让自己正在养的这头母猪下完崽之后自己才能离开这个世界，于是因为有了这个目标，他每天就全身心地照顾猪，对于自己的病他根本不在意。身边有多少人每天认真地跟他讲，你的病有多么严重，你要注意这个那个，你自己难道不清楚吗？可是他从来都不清楚，也不把这件事情放在心上。

然而神奇的是，过了一年小猪崽子都长大了，他依然还是好好活着，且中间没有经过任何药物治疗，他又给自己定了一个新的目标，等这拨小猪仔长大之后再生仔，他再离开世界，就这样又过了一年两年，他仍然健康地活着，又过了三年，就连当时给他检查的医生都过世了，他仍然活着，你知道结局吗？我老师的外公竟然活到了88岁。这当然是个特例，但很多人得重病之后有很大一部分原因是被病魔吓死的，因为他们太聪明了，他们时刻告诉自己，疾病对他们来说有多么可怕。

很多女士之所以不愿糊涂，很大程度上也是因为她们太过聪明，有些女人智商很高，社会阅历也深，因此任何问题都瞒不过她们的眼睛，于是她们不允许别人欺骗他们，不容忍别人占她们的便宜，更不能原谅那些妄图在她们面前瞒天过海的人，她们毫不留情地当面揭穿别人的诡计，挖空心思去报复别人，结果自己累得筋疲力尽，别人也不愿再去理睬她们，比如我曾经听过这样一个故事。

有一位住在农场的主妇很自以为是，自作聪明，喜欢跟别人抬杠。有一天这位主妇在家中做饭，邻居告诉她街上来了一个算命很准的吉卜赛女郎，叫她一块去看看。这个主妇一向不相信什么算命的说法，认为那个吉卜赛人不过是想借机会骗钱罢了，因此暗下决心，好好惩治一下那个骗子。当她赶到时，吉卜赛人面前已经围了很多人，她二话不说马上挤到跟前，说你算算我叫什么名字，我在做什么，算对的话给你一个金币。吉卜赛人说你叫琳达，你正在煮饭，主妇大吃一惊，她的确叫琳达，她也的确正在做饭。不过她还是不相信吉卜赛女郎会算命，一定有人事先告诉她了。于是她回家换了衣服改了发型，又要求吉卜赛人给她算命。吉卜赛人给的答案还是一样，就这样主妇来回换了几次衣服都没有骗过吉卜赛人，当她最后一次去的时候，吉卜赛人说你的名字叫琳达，不过你煮的饭已经焦了。看到这个故事之后我笑得前仰后合，都说这个主妇太可笑了。

《如何让你成为受欢迎的人》中写道，与人相处过程中太过较真是最大的忌讳，我一直都认为撒谎是人类的天性，因为某些时候说谎也是必需的，然而每个人内心深处都有一种自我防御的心理，当察觉别人在欺骗他们的时候，他们的自尊心马上做出反应。在他们看来这些人的做法无疑在愚弄他们，是对他们的侮辱，于是他们想出各种办法进行反击，然而事实上有时候谎言并不可怕，只不过当事人把他看得太严重，结果搞得自己和别人都不愉快，其实如果可以放任一些谎言的话，每个人都可以轻松许多，我们何不糊涂一次呢？

我们不妨对待工作糊涂些，当然我并不是让女士们不认真对待工作，我的意思是不要太计较那些工作中遇到的小问题，你的上司可能最近老冲你发脾气，不要认为他在找你的茬，也许他只是心情不好。你每天努力工作给公司创造很多利益，可仅仅拿微薄的薪水，你应该换一种想法，公司拿更多钱是应该的，因为你不是老板。有个同事整天聚在一起说你的坏话，让你一再忍受，你不必担心，他们不过是嫉妒你。

我们不妨对待朋友糊涂些，你的朋友可能为了利益伤害你，你不要怨恨他，因为换作是你也许也会这么做；你的朋友曾经在背后说你的坏话，不要在意，那可能因为你真的有问题，况且在背后谈论他人是人类最大的嗜好；也许你的朋友明明有钱却不愿意借给你，不要埋怨他，也许他有更大的用处。

我们不妨对待家庭糊涂些，你的丈夫可能和你撒谎在单位加班，其实跑出去偷偷喝酒，你不要责怪他，因为男人也需要偶尔的放纵；你丈夫拿着一枚廉价的戒指和你说这是正宗的钻石戒指，不要拆穿他，那代表了他的心；你的孩子把弄脏的床单藏在衣柜里面，不要手拿床单狠狠斥责他，因为你小的时候也犯过同样的错误。

女士们，我希望你们在遇到这些问题的时候表现糊涂一点，这是人生的大学问，人生的最低境界是糊涂，最高境界依然是糊涂。每一位女士都不愿做最低境界的糊涂虫，因为那是一种懒懒散散、玩世不恭、胸无大志的表现，于是女士们看书看报留心观察，把自己变成聪明人，我承认这是一种飞跃，一种质的飞跃，然而如果我让女士们再从聪明变回糊涂的话，就很少有人愿意这样做了。事实上，女生们之所以不愿意从智者变为“糊涂者”，是因为你们认为但凡糊涂者都是可悲的、可笑的，甚至是愚蠢的，可是女士们有没有想过，这种糊涂有时候恰恰可以帮助你们排解生活中的烦恼，让你不为任何事担忧，这种糊涂并非不明事理，也不是看不清现实，而是一种让自己免受世事困扰的做法。

有些女人太聪明了，看清了世上所有的一切，于是她们觉得世界太冷酷，人与人之间没有感情可言，她们觉得孤独，觉得冷。这就结束了吗？远远不只这些。太过聪明，给你带来最可怕的后果，就是失去朋友，失去亲人，失去生活，没人愿意和一个太聪明的人一起相处，每个人都希望保留自己的尊严，守住自己的一点小秘密，然而太过聪明的女士让这些人失去了尊严，失去了秘密。

因此女士们请听一听我的劝告，让自己装得头脑简单一些，让自己对人对事糊涂一些，这样一来，你不但不会成为别人眼中的傻瓜，反而会成为他们心目中的女王，不过最后我还要提醒各位女生呢，如果你还没有从最低境界的糊涂上升到最高境界糊涂的话，就不要去追求最高境界的糊涂。最高境界糊涂是以聪明为基础，它是一种智慧的体现，而如果女士们还没有达到聪明的要求的话，那么你们可能追求的就是真正的糊涂了，那种会让人变得一塌糊涂的糊涂。

二、心向光明

在写这本书的一年前，我读了脱口秀女王奥普拉的书《我坚信》。

我没生在她事业的巅峰时期，最初对她的印象竟是在她做了25年的节目《奥普拉脱口秀》收官之时，当时的美国民众都力挺她竞选总统，呼声甚高，威信极强。我在想这人是谁啊？了解了一下，我被“奥普拉效应”震惊到了。

奥普拉在节目中随口说一句“最近市场的牛肉不太好”，

全美牛肉经营公司股价第二天就大跌40%！她在节目里穿过一条裙子，在随后的一年时间里全美国每5秒就卖出一件！不管提到任何书、衣服、食物，都会立刻狂销大卖！她的节目持续四分之一个世纪，邀请过3万个嘉宾，拥有累计超过百万的现场观众，电视观众遍布世界近150个国家，拿过48座艾美奖，金球奖终身成就奖，才华与商业头脑兼备使她成为美国第一位黑人亿万富翁。当时美国民众都力挺她进军政界竞选总统，要她带领全国人。在当时还只是巨商还不是美国总统的特朗普接受采访时也说过："我没有想过选总统，但如果我竞选我一定会赢……不过奥普拉确实是有力的女性人选，她的确是一位伟大的女性。"

她是黑人，妇女，非婚生子女，南方人，出身贫寒，9到14岁长期遭受性虐待，14岁生下孩子不久便夭折；青春期抽烟、喝酒、吸毒，她的生命在肮脏的大染缸里浸泡过。她在节目中大胆袒露经历，并呼吁女性敢于发声，说出真相，真相是你最有力的武器。上至达官显贵，下至难民贫民，她总能说出每个人的心声，她身上所具有的复杂的多重性，使她成为不同种族的群体的人的生活偶像和楷模。奥普拉是一个懂说话的人，她非常会问正确的问题从而得到正确的答案，"会问问题"就会处理各种关系。昨晚重温了奥普拉采访迈克尔·杰克逊那一集，奥普拉"礼貌不失关心的夺命追问"可以在13分钟之内让迈克尔·杰克逊说出从没说过的秘密和伤痛……（这一集的Michael让人心疼，让人感觉他根本就不是巨星，而是没有感受过爱的12岁男孩啊。）

现在的我也做直播，采访很多嘉宾，在课堂和直播间中常常给学员做心理抚慰，走进每个人的内心都会有一个不同的世界、不同的思维，这样的沟通需要智慧，需要心灵的引导。在这方面，奥普拉是引领我的前辈，她是标杆是榜样，有这样的人在，你知道怎么做是对的。在奥普拉的书里我得到很多，比如“战胜讨好”这件事，你会问自己真正的意愿是什么？你会听内心深处的声音吗？这个我深有体会，人活在社会中可以说是充满了交际、来往、麻烦、拜托和人情。

以前有人需要我帮忙的时候我几乎都会答应，不想自己能不能做到，几乎不会说NO，不帮忙怕别人觉得我冷漠、狠心。原来不只是我，奥普拉也有过这种体会。

后来我明白了，我坚信我是一个善良、正直、热心的人，我的本质是这样的，那么我并不需要通过任何动作或帮别人什么来证明我的本质，我只要问我自己真正的意愿是什么，做这件事我开心与否，对自己好点。

我只是被她引领的亿万人之一，如果让我只能用一句话总结这本书和她，那就是“我的最高成就是，从来没有关闭我的心门，即使是在我人生最黑暗的时刻，我都保持着坚贞、充满希望、愿意看到人性的闪光点”。金球奖终身成就奖、艾美奖、全民拥护都不被她视作最高成就，而是以上那句话。这是很容易懂也最难做到的事情，被人性侵，14岁怀孕，谎言和背叛，还能依然保持对生活的热情，真是了不起。正是因为这种思想，她带领一批又一批女性向前，敢于直面生活的阴暗面。

比获得终身成就奖更惊艳的是奥普拉在金球奖上的获奖感言，你真该听听她在台上慷慨激昂的演讲，其中一句她说："在很长一段时间里，即使有女性敢于说出真相，指控那些掌握权力的男性，她们的声音也没人倾听，没人相信。然而这样的日子已经到头了，这样的日子已经到头了！"奥普拉的演讲激动人心，充满力量，真是女性的光辉，我几度热泪盈眶，这次演讲也无疑向全世界打响了"me too"运动。奥普拉配得上"伟大"二字，她是太多人心中的希望和亮光，她的存在让太多人的生命变得更美好，历史会记住这位伟大的女性！

三、眼观大局　心系世界

说到能够影响一个国家的女人，古今中外有名的有吕雉、武则天、慈禧、特蕾莎修女、马拉拉、维多利亚女王、伊丽莎白女王，还有与彼得大帝齐名的叶卡捷琳娜女皇……

然而有这样一个女人，她在历史上是绝对是一颗极璀璨的钻石。如果没有她清皇室在刚刚入关特别困难的情况下不会团结，如果没有她就不会有康熙王朝，如果没有她就不会有后来的康乾盛世，是她奠定了这一切的基础。九岁时我在老师家书房里看的第一本书就是讲她，我妈妈给我讲的第一个智慧典范是她，她的身影在现代影视剧里也随处可见，可以说我是看着她的故事长大的，她是有名的贤后，她是伟大的政治家，她就是博尔济吉特氏——孝庄文皇后。孝庄30多岁风华正茂之时，她的丈夫皇太极去世，并没有留下遗嘱。你可以想象场面有多混乱，有权力的人都在虎视眈眈地盯着龙椅。孝庄联合多尔衮等诸大臣，运用自己的智慧谋略平衡内外，最后把自己6岁的儿子福临，扶上了皇位。福临长大后，因为种种原因决意出家，不过官方记载是病逝，真相如何，这个谜团至今仍是茶余饭后的谈资，又是一个“有生之年系列”（流行语：形容某事神秘，感叹希望有生之年能知道真相）了。

这时候的孝庄完全有权力和智慧可以治理国家独揽大权，但是她没有，当时还有位江南秀才名叫周南的甚至亲往北京书请孝庄垂帘，可是她没有。她独具慧眼挑选玄烨继位，并全力以赴辅佐自己8岁的孙儿玄烨，也就是后来的康熙大帝。记得我在看《康熙王朝》的时候，有好几个情节让我印象深刻。孝庄虽然没有垂帘听政也没有在前厅出现，她却是权力和智慧的中心。康熙20岁左右，因为三藩的事情焦头烂额，这时他还没有成熟的决断力，甚至差一点写退位书要让位了，是孝庄在他心灰意冷的时候力挽狂澜，慷慨激昂地从国家、百姓、人民角度给他鼓励，要他振作起来。孝庄很会识人用人，接着在关键时刻推荐了图海出征，最后帮助康熙平定了三藩。

我可以想象在康熙整个成长过程中，从8岁登基到20多岁完全可以独理朝政，是孝庄每日的谆谆教诲，桩桩件件都出谋划策这样过来的，孝庄是真正智慧的靠山。更难得的是这么有政治才干的一个人却一点都不想把权力占为己有，只想辅佐儿子和孙儿。康熙在位62年，是在位时间最长的皇帝，他8岁登基，14岁亲政，一生中智擒鳌拜，剿撤三藩，南收台湾，北拒沙俄，订《尼布楚条约》，西征蒙古，兴修水利，治理黄河，鼓励垦荒，薄赋减税。说是千古一帝一点不为过，而培养出这样一位君主孝庄起着决定性的作用！

晚年孝庄身体不好，康熙亲自伺候祖母，可以说是“亲尝汤药，昼夜不离左右”，为了给自己的祖母积福，康熙甚至想大赦天下释放犯人，在向天祈福的时候，祈求宁愿把自己的寿命过渡给祖母。孝庄过世后，康熙一边哭一边回忆祖母孝庄的恩情：“忆自弱龄，早失怙恃，趋乘祖母膝下，三十余年，设无祖母太皇太后，断不能有今日成立，同级之恩，毕生难报……”雍正帝评价孝庄：统两朝之养孝，极三世之尊亲。清朝初期的中国，军备充足，经济繁荣，版图辽阔。两岸得以统一，离不开孝庄前期的铺垫带领，可敬的孝庄，了不起的孝庄，向您致敬！

伟大的女性引领我们向前，每当我读到这样女性的故事的时候，我的心中总是燃起一股火焰，我期待我成为这样的人，我也期待听到这样故事的你，看到这本书的你也能成为这样的女性。不需要你拯救国家，拯救民族，带领人类走到什么样的高度才是圆满。在这些女性当中，她们有一个共同的特质，就是在面对人生的低谷时，面对重重困难挑战时，仍然愿意充满希望，仍然愿意勇敢向前一步。我期待你也拥有这样的勇气和智慧，只要拥有，就是带领自己已经向前一步。

四、保持自己生活

女士们，人生中很重要的一点就是要保有自己的生活。你会发现生活中很多闺蜜跟你抱怨她的先生、她的婆婆，大多情况下是因为她一心都扑在这上面，家庭琐事就是她全部的重心，这样的女人她的脸上会渐渐失去光泽，没有绽放出自己该有的魅力来。我强烈建议各位女性一定要拥有自己的生活，并保持对生活的信心。

我有一位好朋友，她在家里做全职主妇已经三年，她只负责每天打扮自己、照顾孩子，先生对她也非常体贴，可是渐渐地，她还是觉得自己的生活似乎一眼望到了头，到老了都是这样过，她开始变得有些烦躁，认为生活单调。和她聊天的时候，我就问她结婚前喜欢做什么。她说喜欢去上手工课，喜欢做陶艺或是画一些简单的油画。我说你不如去重新加入一些这样的社团或报补习班。过了一个月，她果然新报了一个补习班，只花了很少的时间，可是她得到很多的快乐。当她把作品拿回家里的时候，先生对家对她更赞叹有加，她也觉得以前的烦恼和忧虑被很多快乐满足取而代之了。我说恭喜你，你现在可以不要过以前那样单调的生活了。女士们，鼓起勇气吧，让你的生活变得丰富多彩，让大脑获得更多新鲜养料。不过很多女士并不知道该怎么让生活变得丰富，我给你的建议是找到你的乐趣，不管什么样的事，即使在别人眼里很无聊，可只要你有兴趣，她就会给你带来乐趣。有一次我看小S采访郑爽，郑爽在家里面的乐趣，竟然是网购一些稀奇古怪的玩意，买回家里自己摆弄做实验，沉迷在“科学和商业”的世界里，在别人看来这个东西很无聊，她的男朋友也从来没有陪她一起尝试过，可是她自己乐在其中，觉得很有生活趣味。所以在自己的生活中抽出一点时间去参加家庭以外的活动，不是一味地守着电视机看肥皂剧，这样可以让自己快乐，也有一个更好的心情去完成其他事情。

我有一位姐姐，有一次她出差需要去泰国，我劝她一定要趁出差的机会多留两天旅游，可以趁这个机会好好放松一下，观光一下异国的风情，并且这次是顺带出差旅游，又可以节省自己的花销，如果以后你想起旅游的话，由于你已经去泰国出过差，你一定不会再选择这里了，所以其实你再去的可能性很小，也许这一生只能去这一次。但是她考虑来考虑去，最后还是说不多玩两天，工作结束就立刻回来了，她说以后有条件了，以后有时间的，以后有钱再去。我百般劝她都没有听，而事实是什么呢？事实证明已经过去了5年，她还在说有时间再去，有钱再去。我知道很多女人有一个想法，认为自己还没钱，存款不够多，不能享受生活。最好的办法就是等以后有钱了有时间了再去享受。在这个新的时代，这种想法，既是错误的也是可怕的。我举个例子，如果你有一筐梨，发现里面有一些烂的，你会怎么处理？有人说先吃烂的，那样可以给自己节省下一部分，可是当你吃完烂梨的时候，发现原来好的也变烂了，这样你吃到的永远是烂的。也有人说先吃好的，因为那样可以让自己享受到美味。可是当你吃完好梨的时候，那些烂梨已经没法要了，这样你就浪费了很多，其实你只要动动脑筋就可以，为什么不把烂的那部分挖掉，然后煮成梨糖水，并在这个过程中把好的梨吃掉？这是一举两得的方法，显然这不会花费你很多时间和金钱，却可以让你的生活变得有情调起来。只要你有一颗热爱生活的心，保持自己生活的新鲜感，你就能让生活发生改变。为什么要把快乐寄托在明天？难道快乐必须用很多金钱才能满足吗？一次规划好的轻松旅游可能只需要你花千把块钱，一件漂亮的衣服只需要你花几百块钱，一个让自己开心的小礼物，可能只要花几十块钱，这些都做不到吗？不是的，你们完全可以做到，因此不必等待富贵之后再去享受生活，如果你还是不能从今天做起的话，即使以后你有了钱，有了时间，你也没办法去享受快乐的生活，因为你已经习惯了这种枯燥无味单调的生活，你没有了激情，没有了雄心壮志，更不会有什么灵气，事实上由于你常年压制自己的兴趣，你是在用快乐和健康换取那些不值得的物质财富，所以赶快行动起来，让自己拥有一个丰富多彩的快乐幸福的生活。

五、女人要会装傻

在英国有过一份关于撒谎的调查，结果显示男人平均每天说谎6次，是女人的两倍，看到这样的结果你是否会觉得触目惊心，日夜担心陪伴在自己身边的男人，是不是会忽悠哄骗自己呢？女人无法理解男人说谎，就像男人无法解释女人善变一样，在女人眼里说谎的男人品质往往值得怀疑。很多女人一旦发现男人撒谎立马拆穿对方的谎言，当面质问，要对方解释清楚不可。

女人拆穿对方的谎言，只是为了表明我逮到你说谎的证据，你必须认错并且悔改，偏偏男人逻辑不是这样，他们想的是事情已经到了这个地步，我连基本的尊严都没有了，还有什么好说的，于是不但不会承认和愧疚，反而无所谓，变本加厉，更加排斥婚恋状态，也就会更加糟糕了。关于男人的谎言，香港言情作家亦舒在作品中说过这样一句话：骗一个人要费好大的劲儿，不在乎他又如何肯骗他，如果将来有人苦苦蒙骗你千万不要拆穿他。傻女人才会拆穿男人所有的谎言，作为女人你要明白，重要的不是男人是否对你说谎，而是他为什么说谎，先不要急于自作聪明地指出来，冷静分析他发火的动机，究竟是善意的还是想隐瞒什么，事实上男人天生就爱撒谎，不是他们乐于撒谎，而是现实逼着他们必须学会撒谎，他们扮演的角色太多了，他们在外是领导上司，君子也是俗人，在家是儿子父亲丈夫。究其原因，男人之所以撒谎无非是以下几个方面的原因：为了哄女人开心，为了躲避麻烦，更多的是为了保全面子，会为了炫耀成就，以及维护内心根深蒂固的大男子主义动机。如果你懂得男人跟女人不同的思维，解密男性世界的语言含义，也许两个人的空间就会多一份默契与体贴，如果不是什么大原则性问题，你不妨把男人撒谎的手段使俩装在慧眼之中，不必拆穿谎言。由此一来他会为说谎行为感到忐忑不安，要么对你心存感激，要么对你主动坦白。这种效果比追根究底好得多。

我有一位朋友小花，她的男朋友小王性格开朗，好交朋友，结婚以后也改不掉自己爱玩的天性，经常遭到小花的抱怨。小王本想乖乖听她的话，但经不住自己好朋友的怂恿，又不想被别人说自己怕老婆，便常常以加班为由在外面玩，有一次快晚上10点他还没回家，小花担心地给他打电话，打了几次终于接通了，听到电话那边嘈杂的音乐声和劝酒声，小花一下就明白小王骗了自己，小花很生气，但顿了顿思绪，只说了一句你早点回家，我很担心你。没过多久，小王忐忑不安地回到家，身上带着隐隐约约的酒味，他准备了一堆解释的话，谁知道小花像平常一样悠闲地躺在沙发上看杂志，小王刚想说什么，小花微笑着说，老公你回来了，快点洗洗睡觉吧，你都累了一天了。顿时小王像被释放的囚犯一样兴奋地跑到她面前说，老婆我最爱你了，这是我这个月的工资全交给你，还有前段时间你不是在商场看上了一套高级化妆品吗？这周末我就陪你去买。还有一次，小王的一个朋友打电话约他出去喝酒，谁知他在洗澡，电话被小花接到了，他想这下完了，可是他听到小花温柔地说他最近身体不舒服，你要替我照顾一下他，劝他少喝一点哦。小王从浴室出来后红着脸对她说对不起，老婆，以后我不在外面多玩了，也不再骗你，我把更多的时间陪你好不好？小花看出了她老公蹩脚的表演，就不去揭穿他，也没有追究到底，而是一笑了之，揣着明白装糊涂，看似很傻的行为，给老公温柔的一刀，给了他自我反省的机会，结果老公主动投降，表达歉意、愧疚，还给予了她更多关爱，小花真是个智慧的女人。

当然，如果男人的谎言出于其他比较恶劣的目的，比如欺骗感情，背叛感情，如果你还想维持感情，你就要不露声色地旁敲侧击，不妨以其人之道还其人之身，这对男人来说都是无言的反抗，让他知道你并不是真的傻，只是不想让他难堪罢了，这样一来男人会逐渐收敛，慢慢减少撒谎的次数。据调查，中国平均每天有6000多对夫妻宣告婚姻破裂，情感专家感叹说，女人就算有一双天生的火眼金睛世事洞明，到头来伤的不仅是眼睛，还会连累婚姻，要明白只需要把握婚姻的大方向，情感不要偏离正确的轨道就好。的确，就算你眼光锐利，洞悉一切，也不必刻意揭穿男人无伤大雅或是善意而为的谎言，要懂得适当地装傻，给他一点回旋的余地，维护他的自尊心，相信他一定会心存感激，把你当成同盟，当成分享秘密的另一方，而且你自己也可以活得自我一点。幸福婚姻唾手可得，有什么不好？

聪明的女人加分，爱显示自己聪明的女人就减分了。我认识一对夫妻，事业做得好极了，两个人结婚20多年，感情还像谈恋爱一样，跟他们一起相处，常常觉得在看高中生恋爱，真是羡煞旁人！直到有一次去他们工厂参观，我才真正领略到了这位太太的智慧。那是他们夫妻创业时期一起办的工厂，厂房面积大，仅工人就有五百位以上。在参观过程中，对我们参观朋友团的任何提问，她从不急着抢答，在更多时候，她都会说我不懂，都是我老公做的，甚至她自己也会开口问老公这个是怎么做的，那个是怎么办到的。在她老公回答后，她还会赞美几句，眼里都是崇拜，她老公也总是憨憨地笑。我们都明白了为什么他们能幸福这么多年了，男人需要崇拜，女人需要宠爱。她恰到好处地装傻真是可爱极了！你学会了吗？

六、会做绿叶

现在社会结构中不管政坛商界还是演艺圈，许多女性用自身实力充分证明女性柔弱的肩膀也能扛起半边天，不过也有一些女人比成功女性更不平凡，她们站在自己男人的背后，用心地把男人推向成功。

美国前总统奥巴马在竞选的时候，他的妻子花了大量的时间走访美国各州各地区的家庭，发挥她的口才跟智慧，用一场又一场的演讲为丈夫增色不少，我曾经看过一段米歇尔的采访。那天记者问她说，您的先生很有可能会当选美国总统，您是什么心情？是不是觉得很自豪？她却回答说，我嫁给谁谁都会是美国总统。这是来自一个女人的自信。奥巴马在发表演讲的时候也说他尤其感谢他的妻子，于他来说，在情感上她是一个能够倾诉衷肠的温柔女人，在事业上她是一个理智果敢的伙伴，她给我提出了很多宝贵的意见和建议。这世上最厉害的风就是枕边风，每一个成功的男人背后都有一个伟大的女人，成功之路是异常艰辛的，妻子是一个男人成功路上必不可少的伙伴，你要扮演的不应该仅仅是一个协调家务生活的贤妻良母，更应该是帮他出谋划策的军师。虽然不是每个女人都能像米歇尔这样协助老公竞选总统，但在平淡的生活中，女人只要做好杠杆，一样可以把平凡的男人撬起来，让他的人生不平庸。毕淑敏曾经说智慧是优秀女人贴身的黄金盔甲，是女人纤纤玉手中的武器，可斩断征途上的荆棘，可斩断身边的烦恼，作为男人最亲密和信任的人，你是否应该考虑利用自己的智慧为他做军师呢？比如生活中提醒他需要完成的工作，管理好的各种物品，协助他整理各种资料、书籍稿件，做个有心人，尽可能收集对他事业有用的信息，做好公关工作，解决他生活中遇到的难题。

有一位千万富翁最近离了婚，问他原因的时候，他说他每天在公司做的生意都是上千万或上亿的订单。每天开完头脑风暴会需要耗费很多的精力，可是回到家他的妻子经常跟他抱怨，最近菜市场的价又涨了，前天去买牙刷还是6块钱，现在变成8块钱了等这样的琐事。他常常匪夷所思地看着妻子，这是当年那个鼓励他创业，一直陪伴他的那个女人吗？他觉得他们已经没有了共同的话题。他们眼中每天所做的事情、思考的事情已经有着天壤之别。他每天考虑公司的亏盈，而妻子只关心早市里多花了几块钱，社会在进步，丈夫在进步，这位妻子却一直在原点，很可惜，感情在这种不同中变淡之后。那么她很可能会被时代甩在后面，这是非常可怕的事情。

为此，你可以多去书店转转，选择一些与爱人相关事业的知识性书籍，丰富自己的大脑，不要求每个妻子对公司经营、商业战略无所不知。但在与你的他谈论世界经济形势的时候，起码懂得对方在聊什么，不与社会脱轨，跟得上他的步伐，明白男人在各个时期的需求和想法。做好军师的角色，把丈夫的事业视作自己的事业，跟他一起分析解决问题，用自己的智慧在路上助他一臂之力，把他推向更成功的行业，因此，你将会成为那个他感激一辈子的难以割舍的优秀女人。

七、终身阅读成长

智慧是积累，智慧是你懂得了很多，并通过独立思考悟出的生活准则和意义。我强烈建议大家教育孩子时最迟从小学起就要养成他阅读的习惯，最关键的是在中学和高中时期阅读大量世界名著。读书在反复，智慧自然出，不同年龄段读同一本书看到不同的心情：二十多岁读《红楼梦》喜欢宝玉黛玉的爱情，哭是为了林黛玉这位美少女的死；三十岁读《红楼梦》开始看到官府的钩心斗角，阿谀奉承的小人，封建社会的腐朽和罪恶；四十岁再看，关于《红楼梦》里人生的沉浮起落更能静静体会，对那句“世事洞明皆学问，人情练达即文章”也有了更深刻的理解。

大多数人在毕业后很少有能重新拿起书本阅读的空闲，在你被社会、工作养家填满前，在上学时期一定要尽可能多阅读世界名著。我在中学时阅读了《红与黑》《包法利夫人》《平凡的世界》《呼啸山庄》等大量名著，阅读让我向往自己可以树立像书中主人公一样高雅俊洁的品格，这其中我最喜欢《简·爱》，女主人公勇敢、坚强、善良，我永远记得她的话：“我贫穷，矮小，不美丽，但当我们的灵魂穿越坟墓，来到上帝面前的时候，我们是平等的。”阅读让我走出大山，我领略了英国乡村风光、欧洲田野和广袤的非洲大地，让我有更国际化的视野，阅读让我知道这世界上完全不同的生活和文化，阅读让我憧憬自己可以有更好的生活，阅读让我的灵魂走了出去。那时我又看了《80天环游世界》这部电影，这让我更坚定了自己要走出山村，去到更广阔的城市中拼搏。

八、不要爱得规则太多

很多女人以没有安全感为由，会要求男人每天早上早安晚安，结婚之后或者在一起确定恋情关系之后，他今天去哪儿了，跟谁吃饭跟谁通话，总之关于他的一切都恨不得全部知道，事无巨细，时时想把男人拴在自己的身边。相信大家都有在海滩玩耍的经历，当你捧起一把沙子的时候，你攥得越紧它反而流得越快，当你轻轻松松地、很自然地捧起来的时候，它反而非常丰满地在你的手上。对待感情是这样，对待朋友也是这样。每一个人都有自己生活及独立的社交圈子，恋情不是要束缚对方，男人是用来爱的，不是用来管的，好妻子应该体谅丈夫这些心理特点。不妨给他多一些自由和信任，让他主宰自己的生活，当男人发现女人并不那么约束自己的时候，对那种约束的恐惧感消失，取而代之的是他会迫切地渴望成为你生活的一部分。据社会调查表明，真正能够让男人着迷的女人的特质之一就是让男人捉摸不透，这个女人好像在乎他，可是有的时候又没有那么在乎他，从来不看着他，这个女人很神秘，没有把他当成自己全部生活的重心。

曾经我的一位男性朋友抱怨他的女朋友对他看得太紧了，他今天出去做了什么，她要全部知道，更可怕的是，他10年前在QQ上面记录的心情都被女朋友翻了出来，还来问那个时候为什么他会写这一条心情说说。我的天哪，听到这个问题之后，我的朋友已经彻底地被惊呆了：10年前一个随手记录的心情她都会翻出来问，他觉得以后的日子真的是没法过了，已经被压得喘不过气来。这样的爱情你觉得他们会维持多久，当然是没有多久就分手了，你也许会说对方是没有安全感或者太爱了，真正的安全感从来不是别人给的，而是应该自己给自己的。

女人最大的智慧不是牢牢控制男人，别把他抓得太紧，适当地放松彼此，相信他会感激你的善解人意，也会对你有更深的依恋。其实你不要想着去控制男人，也不要让他觉得他已经控制住了你，女人也要有自己的生活圈子，主宰自己的生活，邀上三五知己，聊天，逛街，做自己喜欢的事，甚至可以偶尔停止和他的约会，然后在他的追问之下，故作神秘又轻描淡写地提及你最近的其他安排，向他表明他并没有掌控你，你的生活还是属于自己的。爱他但不丧失自己的生活空间，生活被他点燃而不是主宰，如此一来你在他面前是现代女人的自信和独立，这恰是男人心目中性感女神的两大精神特质，他会心甘情愿地将钱交到你手上。这也正如言情小说家张小娴的一句话，女人只要管好自己已经很了不起，干吗要去管男人呢？听话的男人不用管，不听话的男人要管也管不到。对你好的男人不用管，对你不好的男人不会让你管，爱你的男人不用管，不爱你的也轮不到你管。在婚恋路途中是自由还是束缚？你给了对方多少自由呢？

切记，不要用暂时的存款和成功与否定义男人，更不要因为一阶段的不理想去打击你的男人。我常常做美容的一家店老板是一位太太，她的先生就每天在店里帮她打打杂，一次她忙得没时间吃饭，我见她先生贴心地把饭热好了递过来，却见这位太太说："盘子都放不稳，你还能干什么？"我尴尬地干笑一下。我当时的笑应该比哭还尴尬，没过多久，先生也是脸上挂不住出门去了。俗话说，"三军可以夺帅，匹夫不可夺志"，男人不是面团，可以任由女人捏成理想中的形态，因此女人永远不要试图从根本上去改变一个成年男人，也不要因为男人不愿意为你改变而困惑，更不要盲目用这来确定他是不是爱你，因为这除了代表他的习惯以外，什么也不是。一旦爱了，你必须尊重男人自我选择的权利，按照其本来面目接受他并相处，爱情就是双方不断适应并接纳对方的过程。

最后我想分享给大家一段话，心理学家卡尔·斯罗杰曾这样比喻：当我漫步在海滩观赏落日的余晖时，我不能这样要求，请将左边染上一点橘黄色，或者说你能在背后少染一点紫色吗？因为我喜欢落日时不同的自然景色，我们对待心爱的人不也应该这样？这样的比喻真是非常贴切，一轮满月自然完美，一弯眉月也楚楚动人，每一个人都有其特色，只要彼此相互选择就是合适的婚恋关系，与其强行改变对方不如求同存异，尊重对方，这才是爱的天然形式。

你误解了埃及艳后

提起历史上的著名女人，总是逃不过埃及艳后这个名字。埃及艳后名为克丽奥佩特拉，这位传奇的女性在但丁和莎士比亚的作品里，被描述为旷世的肉感娇妇，多少电影、戏剧、小说、诗歌、绘画，因她而生。强大的罗马帝国的君王，相继拜倒在其石榴裙下，而萧伯纳也称她为“一个任性而不专情的女性”。不过，也有史书记载说，她的美“并不出众，也不惊人”。有考古学家打趣道：“如果她的鼻子不那么高的话，恐怕世界史便会因此改写了。”在好莱坞巨片《埃及艳后》中，克丽奥佩特拉更是被描绘成凭着色相诱使恺撒拜倒在她的石榴裙下，助其击溃亲生胞弟而出掌王位；恺撒遇刺后，她又吸引安东尼为其效力。可是天不从人愿，安东尼的作为激起了罗马市民的愤怒，在与罗马人交战中彻底败北之后，克丽奥佩特拉眼见大势已去，不得已以毒蛇噬胸自杀。

几乎所有关于她的小说都只注重表现她外在的美丽而忽视了她内在的韬略和雄辩才能。事实上，埃及艳后也许并不艳丽，埃及历史学家曾经挖出过埃及艳后的雕像，雕像的名字写得清清楚楚，的确是属于她的。这个雕像在科学技术的一点点还原之下，得到了埃及艳后的样貌，大家看了之后大失所望，也许是不符合现代审美，图片中并不是多么美艳的女子，甚至还有点丑，细细一看，穿着普通的衣服，就跟农家妇女一样，很多人都不相信这就是传说中的埃及艳后。接着又连续挖出来十一座她的雕像，把这些雕像全都还原，没想到刚开始那个普通的形象都是她的美化版，所有的还原照表明，埃及艳后是个丑陋的女人，按照比例来推算，她的身高可能都不到一米五，而且脖子和肚子上全都是赘肉，是一个又矮又胖的女人，而且还长了一口坏牙。那么问题就来了，既然埃及艳后长得一点也不“艳”，为什么后世流传的埃及艳后是个艳冠天下的女人？她是如何把罗马帝国的两个皇帝都迷得神魂颠倒的？真实的埃及艳后虽然没有史诗中那么美丽，可她是一个非常有能耐的女人，她非常聪明，智商和情商都很高。她拿下安东尼其实靠的是谋略。

我还得从头和你讲起这整个发现的故事。

多年前考古学家就有了惊人的发现，他们找到了“埃及艳后”当年亲笔签署的政令和她曾经居住的古城！这些文物足以证明，这位古埃及女王远非只靠美貌和情欲，而是靠智慧治国安邦的。

发现“埃及艳后”亲笔签名的政令纯属偶然。如果不是荷兰历史学家彼得·万·明尼心细如发的话，也许谁也不会发现，德国柏林博物馆一具古埃及木乃伊身上居然藏着一个天大的秘密。这是柏林博物馆内一具再普通不过的埃及木乃伊，所以在被收藏入馆的100多年间，从来没有引起考古学家或者研究人员的注意。当比利时考古学家简·比根获得特别批准对柏林博物馆馆藏木乃伊进行全面研究的时候，有一天他突然发现木乃伊的布片里夹着一张古老发黄的草纸。明尼的心狂跳了起来，凭他的第一感觉，这绝对是古埃及某个时代的文件！当他小心翼翼地从木乃伊身上一点点剔出那片16开大小的草纸的时候，他的心跳再次加快——草纸上写满了密密麻麻的文字，古埃及文字！

如获至宝的比根把这张宝贝纸片“请”进了特别鉴定室。只需借助普通放大镜，比根就识别出这是一份古埃及某个王朝的正式公文，上面还有收件日期。非常遗憾的是，比根研究到此就急不可待地把其成果发表在10月号的考古权威月刊上，武断地认定其为埃及某个农民与“×先生”之间的普通合同。天啊，这是“埃及艳后”亲笔签署的文件！当荷兰历史学家万·明尼看到这篇研究论文后，立即察觉到可疑之处：光从发表的图片来看，这份文件绝非私人间的合同，而是地地道道的古埃及政府文件。明尼当即向期刊社要来了放大的文件照片，当他把这张照片输入电脑时，明尼“在30秒钟内”就断定这是埃及王宫的文件。古埃及历史学家立即将文件抬头的年份换算了出来——公元前33年2月23日。公元前33年，这不正是“埃及艳后”克丽奥佩特拉七世统治下的托勒密王朝吗？考古学家失声惊叫了起来。

更让人吃惊的发现还在后头。文件的内容显然是手写的，而且从笔力来看，似乎出于一名男性官员之手。文件的具体内容，是埃及国王答应给罗马帝国大将军卡尼迪斯以优惠的商品进出口关税——允许他每年免税向埃及出口1万袋小麦，进口5 000安普耳的上好埃及美酒。这份文件的末尾有一个娟秀的单词，显然跟文件内容的字体完全不一样，而且明显是女性的笔迹。当那个单词在40倍的专业放大镜下纤毫毕现的时候，明尼失声惊叫了起来：那个单词就是古埃及国王签署法令时希腊用语中“同意”的意思！埃及国王、公元前33年、罗马帝国大将军，加上女性签字——这不就是“埃及艳后”的亲笔签名吗！？发现“埃及艳后”亲笔签署的政令的消息传出后，世界考古学界为之振奋。对荷兰历史学家明尼的学术水平深感佩服。大英博物馆的考古专家们深信，明尼发现的手稿绝对是克丽奥佩特拉亲笔签署的，因为证据是如此确凿。研究过政令原稿的大英博物馆希腊与罗马古董馆副馆长苏珊·沃尔克十分肯定地说：“这肯定是克丽奥佩特拉的亲笔签名，因为文件的内容可以追溯到公元前33年，正是克丽奥佩特拉七世统治时期！我们对这一意外的发现感到高兴，因为这是埃及艳后留下的唯一笔迹。”沃尔克进一步分析认为，这份手写文件不仅仅是一份政府公文，更是“埃及艳后”政治手腕的具体体现。

根据古希腊著名的传记作家兼散文家普卢塔克在其名著《希腊罗马名人比较列传》中记录的史实：“埃及艳后克丽奥佩特拉在恺撒死后，急欲求得安东尼的庇护，但碰了一个软钉子。于是，克丽奥佩特拉马上把主攻方向转向安东尼手下最得力的大将卡尼迪斯，以贿赂的手段最后买通了这位影响力非凡的罗马大将。卡尼迪斯后来说服了安东尼，让他同意庇护克丽奥佩特拉，而安东尼也从此陷入埃及艳后的温柔陷阱中不能自拔！”虽说普卢塔克把一切说得有声有色，但历史学家和考古学家从来没有发现可以证明这些史实的确凿证据。而这次发现的克丽奥佩特拉的亲笔签名文件，却是“埃及艳后”收买罗马帝国大将的铁证。不过，两年之后，也就是在公元前31年，卡尼迪斯加入了讨伐“埃及艳后”和安东尼的行列，这位罗马帝国陆上兵团的总司令与奥古斯都指挥的海上力量联手，打败了“埃及艳后”和她的情人安东尼。另一位埃及远古史学家阿兰·鲍曼表示：“这份文献的发现，说明‘埃及艳后’绝非只凭美色来保家卫国，捍卫自己王位的。她运用的技巧跟我们现在处理国际关系时的做法并没有什么两样。这才是埃及艳后美丽与智慧的真正体现。”

实际上，在克丽奥佩特拉统治时代，古埃及仍保持着极度繁荣。今年初亚历山大城的一项重大考古发现能证明这一点。

当美国考古学家戈迪奥和他的埃及同事潜入亚历山大港外海海底的时候，他们看到了一条又一条的街区、一座又一座的雕像，那就是“埃及艳后”克丽奥佩特拉和她的最后一个情人迈克·安东尼共筑的爱巢——亚历山大城。使这座极富传奇色彩的皇家古城获得重生的，是海洋探险家弗兰克·戈迪奥和他的考古探险队。他们的惊人发现，都证明了古埃及历史上那段仍然繁荣的历史，当然也证明了“埃及艳后”不仅是位美丽的女王，而且还是有着出众才干的女王。

在埃及古物学书中写道：“阿拉伯人经常将克丽奥佩特拉称作善良的学者，所以埃及艳后并不是靠美色征服人心的，她的宫廷也绝非所谓的淫荡之作，而是她和一些科学专家开会讨论科学难题的地方，她从小受到良好的教育，无一日不读书，无一天不有所精进，她精通希腊语、但丁语、西伯来语、亚拉姆语、埃及语，一共5种语言。”她精通多种语言，对炼金术、哲学、数学和城市规划都无一不晓。克丽奥佩特拉还是一位伟大的建筑师，她在位时曾设计了史无前例的庞大的建筑计划。她博览群书，所以能放眼世界，征服王者，书是女人最好的饰品。

女人的一生应该是一部艺术片，如果缺少了艺术感，那也就称不得完美了。很显然，这部影片需要用美丽与智慧来演绎，美丽与智慧是人生的艺术。造物主赋予我们女人很多角色，我们会是伟大的母亲或是贤惠的妻子，或是乖巧的女儿，于是我们被人誉为大地誉为水誉为花。不管怎么看，作为女人我们都是骄傲的幸福美丽的。而如果我们能在这份美丽之上再平添几分智慧，那么生活又会变得至善至美。

直播间见证：

真的假不了，假的真不了，演戏总有落幕的时候，感恩COCO老师在鱼龙混杂冲击下，巨大利益诱惑的时候依然坚持自己的初心，给我们呈现最真实真诚的一面，帮助许多普通的朋友姐妹走出心灵的迷茫，家庭的困惑。老师的声音胜似灵丹妙药疗愈了多少心灵残疾的朋友，帮助他们拔掉心灵的荒草，种上美丽的鲜花，一句泣不成声的谢谢代表她们内心多少的感激，听别人的故事，感悟自己的人生。几个月来在老师的幽默风趣、麻辣犀利、轻言细语中明白了许多做人的道理，为人处世的方法，婚姻经营的智慧，我内心深处无比的感恩，亲爱的COCO老师，你是钻石，越打磨越闪亮，天降大任必先苦其心智，你的沉淀是为了更好的爆发，你的善心善念会为你积来更多的福报，所有的随波逐流都会慢慢退去，我们坚信你是抖音天空上最最美丽的彩虹。

——网友“阿丫”

第四章
逆商

什么是逆商

逆商这个词离我们越来越近了，我身边的人都说我是拥有逆商的人，回想以往我一个个扛过来的低谷，似乎是有一些逆风翻盘的经验可以跟大家分享。如果你还不了解什么是逆商的话，我给你举一个生活中很常见的小例子，设想此时你的公司老板正在召集大家开会，这是一个非常重要的全体会议，老板在演讲前发现笔记本电脑充电器没带，且不能更换电脑，这时候距离演讲只有半个小时，请问老板的秘书该怎么做？有的秘书处理方式是：这不怪我，没事，要不我让其他人再找一找。而有的秘书反应是，立刻找到最近的商家买同样型号的充电器或想其他办法，总之是全力解决这个问题。你也许会觉得前面那位只是懒，不负责任，我想告诉你，其实这就是一个小小的逆境，第一位的反应是我不要背锅，我不要处理，我要避开，而逆商高的后者就是会找到解决的方法，可见，无论生活还是工作中，逆商高无疑是会更出彩的。

在《逆商》一书中作者这样定义逆商：

它是一种控制感，控制感是指人们对周围环境的信念控制能力。面对逆境或挫折时，控制感弱的人只会逆来顺受，信天由命；而控制感强的人则会凭借一己之力能动地改变所处环境，相信人定胜天。控制感弱的人经常说：我无能为力，我能力不及。控制感强的人则会说：虽然很难，但这算什么，一定有办法。高逆商者，往往能够将在某一范围内将陷入逆境所带来的负面影响仅限于这一范围，并能够将其负面影响程度降至最小。身陷学习中的逆境，就仅限于学习，而不会影响自己的工作和家庭生活；与爱人吵架，就仅限于此，而不会因此盲目扩大让家庭破碎；对事争执，就仅限于此，而不致对人也有看法。

高逆商者能够将逆境所产生的负面影响限制在一定范围，不至扩大到其他层面。越能够把握逆境的影响范围，就越可以把挫折视为特定事件，越觉得自己有能力处理，不致惊惶失措。

逆商不同结局不同

有一些人天生就拥有超高的逆商，世界超级小提琴家帕格尼尼，是一个苦难中成长的天才。4岁时患麻疹和强直性昏厥症，差点丧命；7岁时患上严重肺炎、猩红热，大量放血治疗；13岁起，他就过着流浪的生活，多次死里逃生；46岁牙床长满脓疮，拔掉了所有牙齿，牙刚好，又染上了眼疾，失去了光明；50岁之后，患关节炎、肠道炎、喉癌，百病缠身，后来声带也坏了。可以说命运给他出的难题实在太多了。但他依然能够每天练琴10到12个小时，忘记饥饿和死亡。用独特的指法和充满魔力的旋律创作出无数震惊世界的作品，令大仲马、巴尔扎克、肖邦、司汤达等众多文学艺术大师为之倾倒。帕格尼尼在逆境中生存的能力，无疑是巨大的。

而有一些人的逆商是在身边人的提点下增长的。梅西11岁的时候被查出发育荷尔蒙缺乏，骨骼增长受到阻碍，大大影响发育。这对一心想成为足球运动员的梅西来说，无疑是给他的梦想判了死刑。他拼命训练，锻炼体能，但是一年过去了仍旧没有一家俱乐部向他敞开大门。梅西决定向命运低头，停止了训练。这时梅西的父亲对他说："人生是一场球赛，只有越过对方设置的一个个障碍，才能直逼对方大门，命运就在你的脚上。"之后，我们都看到了，梅西用他的脚证明了他的实力。梅西说："不要相信我能制造奇迹，但请相信我无畏逆境。"

在电竞行业有一位青年创业家，过去十多年来一直被视为"大神"而被崇拜，人们啧啧称赞，认为他的人生中以后必定会创造更多的奇迹，他是茅侃侃。1983年，他出生于北京市，小学五年级开始玩电脑；14岁开始在《大众软件》等杂志发表数篇文章，并自行设计开发软件；19岁正式创业，任MaJoy总裁；29岁担任GTV（游戏竞技频道）副总裁，负责视频等业务；32岁与万家文化成立合资公司万家电竞，并出任CEO；

34岁万家电竞破产清算，当时拖欠员工两个月薪资达200万元。2018年初自杀，终年35岁。故事这么快便结束了，我们不禁感叹太可惜，业界前辈得知也很心痛："还是太年轻，没经过生活的敲打。"

而我们要从这样的故事中明白什么？同时如果你的另一半正在经历事业的挑战，你也要懂得运用逆商的智慧来帮助他走出事业的低谷。

一直以来按中国的传统，男性都觉得在事业上遭遇忧虑要自己解决，不该麻烦爱人。当事业陷入低谷时，他们往往想办法不告诉家里，报喜不报忧，免得家人担心，表面上看起来这些男人有说有笑，在生活中对妻子依然呵护，实际上他们自己就像被冻过一样，变得生硬、迟缓、苍白，直到这些问题越来越多，把他们逼得无路可走不堪重负时，他们就可能采取一些极端的方式逃避现实，比如自甘堕落，破罐子破摔，甚至一死了之。

不要以为自杀概率很小，据世界卫生组织估计，每年全世界有超过100万人自杀，意味着每隔30秒就有人自杀。保守估算，中国每年自杀死亡人数超过30万人，每1.5分钟有1人死于自杀，8人自杀未遂。请警惕这些自杀原因：死前两周抑郁程度重；有自杀未遂既往史；死亡当时的应激强度大；死前一个月的生命质量低；死前两天有剧烈的人际冲突；慢性心理压力大；朋友或熟人曾有过自杀行为；有血缘关系的人曾有过自杀行为；失业或从事没有薪金的工作；死前一个月社会交往少。全球抑郁症患者超过7亿人，预计到2020年这可能将成为仅次于心脏病的死亡病因。

很多女性往往习惯了被照顾，忽略或无视爱人的低谷期，在男人的世界里，如果连妻子都对自己没有半点理解和鼓励，男人怎么能对自己有信心呢？怎么可能实现突破，走出低谷呢？只会一直抬不起头。事实上男人在艰苦的环境中挣扎时，遇到难以处理的危机时，需要一个支持信任他的人，所以女性要能读懂男人心里的这些想法，有必要留意爱人情绪上的变化，采取有效而积极的行动。

首先让他知道低谷也是有价值的，男性处于低谷中状态不佳，主要是不甘心接受自己的失败，几乎所有男性都认为自己应该是一个事业顺利和成功的人，不该遇到这样那样的挫折和失落，因此他们觉得不公平，没面子，充满失落感。这时候女人千万别迟疑紧张，手足无措，而应该让你的爱人知道低谷恰恰是一个可贵的经历，短暂的低谷意味着短暂的后退，有这样的经历是正确认识自己、认识职场及时调整方向以自我改进的好机会。

为此你不必着急让男人脱离低谷，最好狠一下心，眼睁睁看着男人承受一段时间的折磨，让他在低谷中安静地思考和体会，而你只需要像往常一样相信他，爱他，无微不至地照顾他就可以了。另外在事业低谷时，你要始终对自己丈夫充满信心，并且用自己的实际行动全力帮助他，让自己成为对方强大的精神支柱，帮助他勇敢走出人生低潮。两人共同面的低谷，坚定成功的信念，激发对方的潜能，毫无疑问创造辉煌成功的概率更大，在这方面下几位太太堪称典范。

李安妻子林惠嘉

李安和林惠嘉恋爱5年后，在纽约裸婚。婚礼上，李安妈妈很歉疚："惠嘉，我们李家对不起你，让你结婚结得这么寒碜。"林惠嘉说："我不在意表面的东西，只要两人感情好，比什么都重要。"李安30岁毕业，一心想做导演。林惠嘉于是毅然挑起独自养家的重担。而李安闲居在家，读书、看片、写剧本、买菜做饭带孩子，一窝就是6年。林妈妈心疼女儿："弄个大男人在家养着，算什么事嘛?"李安过意不去，偷偷学电脑准备找工作。林惠嘉却生了气："我一直相信，人只要有一项长处就足够了，你的长处就是拍电影。学电脑的人那么多，又不差你李安一个！你想拿到奥斯卡的小金人，就要保证心里有梦想。"李安成名后，林惠嘉拒绝钻戒做礼物，"还不如送排球，可以玩啊"。李安拿奥斯卡奖后，和太太一起买菜，一个主妇认出了他们，羡慕地说："你命真好，你先生现在还有空陪你买菜！"林惠嘉却当场呛声："你有没有搞错呀，是我今天特意抽空陪他来买菜的。"每次离家，李安总会提前做好一冰箱的食物，带好妻子的照片。林惠嘉也很硬气："家不是片场，你该做的家务还得做。"

李安多次在领奖时向太太表白："她是《卧虎藏龙》里所有女性角色的典范，坚毅、笃定、宽容、温情。感谢你一直对我的支持，我爱你，还有我们的儿子。"林惠嘉却觉得肉麻。在她看来，“李安还不是导演的时候，我就是我，李安当导演以后，我还是林惠嘉”。她一直对他充满信心，尽力地帮助他、鼓励他，最终成就一代名导演，留下众多脍炙人口的作品。曾有人在李安获奖后，羡慕林惠嘉是人生赢家，提前挖到了金子，一切付出和等待都是值得的。可其实如果当初李安身边不是林惠嘉，没有她尊重着李安梦想的价值，没有她的独立自主不做男人的依附，谁又能保证李安还会成为今日的李安啊!

陪伴男人度过事业的低谷，你要深入了解他的工作，知道得越多越能给他提供帮助，女人之所以能够给丈夫提供帮助，主要因为她们在丈夫所从事的职业领域里也是专家。当女人用充满爱的语言和行动支持爱人，愿意与爱人同甘共苦、风雨兼程时男人会非常感动，会将之认为是真正的爱情，这样的女人永远是男人最强的支持者和最大的动力。男人会永远珍惜这样的女人，即使有一天她人老珠黄，男人也舍不得离开她。

一支杜鹃花能顶一片天

杜鹃是国美电器集团创始人黄光裕的太太。杜鹃1973年出生在北京，从北京科技大学毕业后分到银行工作，那时候的她只是一名普通的银行柜员。

1993年，因为工作关系，两人接触频繁，慢慢就产生了感情。但是两人的爱情并不被人看好，杜鹃毕业于北京科技大学，而黄光裕初中就肄业出来打拼。那个时候的杜鹃有着一份稳定体面的工作，而黄光裕当时刚和兄弟分家，开着一辆夏利，在北京当着个体户，未来如何，没人知道。杜鹃亲友直言："你们学历相差太大，实在不配""和他结婚，你可得认真考虑"。但也许是两人实在太合拍，恋爱三年后，杜鹃还是毫不犹豫地嫁到了黄家。很快，杜鹃便证明了自己的眼光。

1999年，黄光裕创立的国美从北京走向全国，之后迅速增长。

2004年，国美电器以借壳方式在香港联交所成功上市。

一直以来，黄光裕都是白手起家的商业典范，带领国美从一穷二白到行业巨头。进入2000年后，黄光裕四度问鼎中国首富，被誉为"商业奇才"。一段感情中，如果多了一些崇拜因素，可能会让这段感情更加稳定，对于黄、杜二人也是如此。结婚后，杜鹃辞去工作，站在黄光裕的背后相夫教子，"我喜欢他的原因在于，他做事业全无背景、无资本，都是靠自己努力。他有远大的志向，远大的理想。在他的成功里，运气的成分很少，这些挺令我感动的"。可惜，在2008年，国美遭遇前所未有的危机，黄以操控股价罪锒铛入狱，杜鹃一人得面对这庞大的事业。2010年8月30日，黄光裕案进行二审宣判。黄光裕三罪并罚被判14年徒刑；他的妻子杜鹃被改判有期徒刑三年，缓期三年执行，并当庭释放。在黄光裕入狱后，杜鹃剪掉长发，开始行使丈夫赋予的代理权。她每个月都会去探望一次黄光裕，并且黄光裕也会在狱中批示文件。黄光裕曾和杜鹃说过："你应该让他们喊你杜总"而不是所谓的"黄夫人"。杜鹃曾在监狱里对黄光裕说过："出狱时，我给你一个更好的国美。"

为了这一句承诺，她坚强地撑起了整个国美。

杜鹃接手国美，算是受任于败军之际，奉命于危难之间。在她接手国美后，一度面临内忧外患的局面。外部，老对手苏宁电器正在日益壮大，互联网时代的到来让电商渐渐兴起；内部，接替黄光裕的陈晓，试图稀释黄光裕夫妇在国美的股权，开始主导国美的“去黄化”，甚至一度起诉黄光裕，并且国美的许多高管也纷纷站队陈晓。在这时，因为杜鹃是黄光裕最信任的人，依靠其在国美内部的一定威望，开始接手国美。

随后，杜鹃展现出了惊人的商业才能，她极具管理天分，据说黄光裕所津津乐道的“商者无域、相融共生”的国美理念，就是出自杜鹃之手。但是，失去黄光裕的国美，发展还是出现了颓势。在面对苏宁和阿里巴巴以及京东的冲击，2012年国美巨亏8个亿的时候，杜鹃提出要“创造冬天里的春天”。同年，杜鹃一改过去长发挽起的打扮，剪了一头干净利落的短发，她说“时间不能浪费在美发这点小事上”。此外，杜鹃还从零开始学“零售电商”，并专门跑到国美的门店当导购。最终用一年的时间，实现了将国美8亿元的亏空转为盈利9亿元，其中的艰辛不言而喻。

努力总是有回报的，在杜鹃的带领下，国美稳扎稳打，一步一脚印地收复失地。2016年国美实现销售收入767亿元，同比增长18.7%。这代表着杜鹃花了四年的时间，使国美转危为安，扭转格局。

2017年2月6日，福布斯中国发布“2017中国最杰出商界女性排行榜”，杜鹃位居第14位。当年国美以年营收3093.5亿元，名列民营企业500强榜单第8位，杜鹃更是跃升千亿级企业的女富豪。2018年，国美在杜鹃的带领下，已经在家电+家装+家居+家服务+家金融业务形成完整的商业生态圈。2019年，国美已开始拓展到全品类和全行业，到2020年底国美将服务1亿中国家庭。届时，随着家生活战略的深度落实，消费者将会享受到更美好的生活体验。

刘晓庆的传奇人生

有逆商的人，不管起点如何，都能为人生书写好的结局，我很喜欢刘晓庆的一段话："人生起起伏伏是难免的，好日子好过，但是把坏日子也能过出快乐来的人，才是真正的牛人。"

刘晓庆，1955年10月30日出生。有人说，20世纪80年代是刘晓庆的时代，她曾先后获得第3届中国电影百花奖最佳女配角、第7届中国电影金鸡奖最佳女主角、第10届大众电影百花奖最佳女演员、第11届大众电影百花奖最佳女演员、第12届大众电影百花奖最佳女演员、第13届大众电影百花奖特别奖。1990年，刘晓庆正式"下海"经商，身价高达1亿美金。她生命中最大的一次挫折是起始于2002年的税案风波。当时，因为旗下的多家公司涉嫌偷税漏税而被正式拘捕。她在一夜之间白了头。但仅仅花了两天时间，她就调整过来了。她详细列了一个书单，让律师帮着转交给自己的朋友，要求照着书单把这些书送来，"反正一时半会儿也出不去，我正好利用这个时间，看书写作”。在秦城监狱的422天里，她每天跑8000多步。因为囚室小只能数步子；每天洗凉水澡，即使外面大雪纷飞北风呼啸也是如此；每天学英文……一直坚持到出来的那一天。她出来的第一件事就是去检查身体，一查，比过去还健康！她说：“我当时已经做好了坐十几年牢的准备。我想，即使坐牢，也得有个好心情、好身体！”

出狱后，身家曾经高达1亿美元的刘晓庆，面临身无分文、负债累累的状况，最糟的时候连买菜的钱都没有。朋友们纷纷提出要帮她，有的甚至提着人民币来见她，她都坚定拒绝了：你们在我落难的时候依然把我当朋友，我已经很感激了，至于经济上的困难，我有手有脚，能自己赚！她给过去相熟的导演打电话：不管角色大小，只要付钱及时就行！有一次，刘晓庆与当时人气正旺的李宇春一同参加活动。在后台，记者和观众都疯狂追逐着李宇春，为了保护这位“新晋人气王”，唯一的一间贵宾室只能给她一人，刘晓庆和另外一些演员只能坐在过道里的椅子上。有一名记者眼尖，发现了这个坐在嘈杂过道里的女人竟然是刘晓庆，立即把话筒递到她嘴边：“庆姐，坐在这里有没有长江后浪推前浪之感?”她笑了，从容作答：“新人辈出是好事，再说她还是我校友呢，我们都是四川音乐学院毕业的。”让本来希望能从以言辞直率著称的刘晓庆嘴里挖出几句“猛料”的记者悻悻而归。这种从高处跌到谷底的豁达淡定，不是一般人轻易就能有的。

姜文拍摄电影《让子弹飞》，作为过去的恋人、现在的好友，姜文很想借此机会帮刘晓庆一把，就邀请她来扮演剧中的县长之妻。可刘晓庆看完剧本后，觉得这个角色并不适合自己，就果断拒绝了姜文，她对姜文说："我知道你想帮我，但是一个优秀的导演在创作的时候，应该把作品放在第一位，其他的都得靠边站。我曾经最欣赏你的就是这一点，你不要把这宝贵的一点给丢了！我现在的这点小困难，和作品比起来，根本不算什么！"她的拒演，让姜文感动不已，私下曾向朋友感叹："很多人说我有情有义，在她坐牢的时候，竭尽全力帮她，其实不是我有情有义，这样一个女人，值得我帮。"

气场女王刘嘉玲的逆袭之路

刘嘉玲出道30多年，无论是多大的难关，再多的风雨，她都能淡定从容地去应对，一步步活成自己想要的样子。成功=20%智商＋40%情商＋40%逆商！这句话用到刘嘉玲身上再合适不过，她的情商和逆商始终令人赞叹。多年前，香港还没回归，那时候香港的黑道势力还十分强大，成龙、刘德华、梅艳芳等明星均在不同程度上遭受过黑势力的威胁。有不少遭受恶势力威胁的女艺人，她们或选择自杀，或选择一蹶不振，大多未能从阴影中走出来，拥抱更美好的未来。

1990年，有一个轰动全香港的头条新闻：著名影星刘嘉玲被绑架了！当时，刘嘉玲开车去曾志伟家打牌，在路上，有人伪装成记者，硬生生地把她拽下了车。三个绑匪把她拖到了废弃的楼房里，蒙上眼睛，百般羞辱，还拍下了裸照。后来，刘嘉玲低调处理，绑匪获罪，被判入狱，销毁了那些不堪入目的照片。但谁知道，绑匪心怀怨恨，私下留了一张，在出狱之后，高价卖给了八卦杂志。

那天，香港《东周刊》头条，赫然登出了名为“娱圈悲剧”的图片头条。照片上，裸露的女性虽然被打了马赛克，但惊恐之情溢于言表。就在众人揣测到底是哪位女明星的时候，刘嘉玲居然站出来，公开承认：“照片里的人，就是我。”没有遮遮掩掩，也没有避不敢言。一时间舆论爆炸，当红女星，被绑架、猥亵、拍裸照，并登上八卦杂志封面。清白没了，名声没了，全世界都看着你狼狈赤裸的惨状，换了哪个女人，都会崩溃会抑郁，甚至彻底消沉。但刘嘉玲表现出来的是坚强和勇敢。2002年，她联合一众香港一线明星，参加了“香港各界人士谴责《东周刊》抗议活动”。刘嘉玲，这个曾经被伤害最深的女人，站在人群中，坚定地说：“我，比我想象中更坚强。”刘嘉玲一脸释然：“我现在反而感谢它，因为它给我上了生动的一课。因为那件事，我反而成长了。事情都是有两面性的……你只有接受你生命中的一些不公平，或者说考验、挫折，你才会知道生命是怎么一回事，你才能走得更加昂首阔步。”刘嘉玲选择了原谅那些对她作恶的人，勇敢地告诉自己：当灾难来临的那一刻，我就自由了。很多人为刘嘉玲的心态点赞。接下来，她努力演戏，成为手捧几座影后奖杯活跃在演艺一线、个人身价过亿的女强人。别人眼中足以颠覆一生的灾难，于她不过是不小心碰到的弯路，人生总会回归正轨。可见，世间的所有苦难，其实都是软弱的，你只要再坚强一点点，就可以把它打压下去。逆境面前，任何的抱怨与逃避都无济于事。很多人都害怕逆境，考试时分数失利，就觉得前途无望；工作失误被上司斥责，就觉得事业要失败；与恋人吵架闹分手，就觉得天要塌了。他们还会为逆境找理由：因为自己没有优越的家庭，没有过硬的关系，没有美丽的面容。其实，这些不过是你逃避现实的借口。人的一生从来都是喜忧参半的，生活在给你带来甜蜜、美好的同时，也会给你带来苦涩和阴暗的时刻。你不可能只接受生活美好的样子，而逃避它坏的一面。

人的时间和精力总是有限的，如果一直活在仇恨里，刘嘉玲恐怕早就成明日黄花了，哪里能有现在的辉煌？一个女人内心要有多强大，才能扛得住命运的如此暴击？经历身心创伤，又有多少人可以像刘嘉玲一样，从低谷爬起，彻底放下，重新活出自己？刘嘉玲明白，一个人可以被打倒，但不可以被打败。倒下了就努力站起，把磨难当作生活的一种考验，她选择直接面对这次的事件，收获了更成熟的心智、更平和的心态，不再轻易对未来彷徨、为过去哀伤。

逆商不仅仅是遇到事情的时候能够站起来，我认为还包括一个很重要的部分，就是在安全舒适的环境当中，如何能够未雨绸缪，居安思危。

我的逆风翻盘

2005年我生完孩子之后，稍微变胖了。看着镜子里的自己，好像不似从前那样，少了点什么呢？不只是身材的变化，我认为更多的是精气神，是面对生活时候的一种朝气，于是我决定开始出去工作。

做任何工作都是需要客户，需要与人建立关系，那是在2005年，我在家里做太太、生孩子，已经暂停工作很久了。或许我可以托朋友给安排个轻松的工作，但那不是我要的。我希望新的工作是让我有热情的、有兴趣的、愿意付出的。还记得我前面提到的我心中关于“美”的种子吗？在多方追寻下，我找到了这个行业的切入点，我开始跟着老师学习，初入一行学习最重要的一步是先听话照做，我真的每天早出晚归，搜寻一切我不懂的，向老师请教，认真记笔记。接下来的实践，我选择了最基础、最困难的、同时也是最有收获的一个方式，那就是在地铁外面发传单。这需要勇气——经常被拒绝、被无视的勇气，我不确定我这张薄脸皮能否经得住。

地铁附近的人流量非常大，第一天去，保安把我撵了出来，第二天我依然偷偷地发，第三天保安依旧在赶我，第四天他说我是骗子。就这样一个星期、两个星期，保安对我渐渐地睁一只眼闭一只眼了。那时候我每天早上被梦想叫醒，早饭只有米饭辣椒酱，7点就出门开始行动，督促自己，给自己定目标定任务，今天必须做到什么成绩。没钱我只能步行到地铁站，晚上累了，在餐馆只能叫一碗拉面或者青椒土豆丝，看着别人桌上的酸菜鱼，我的筷子真想伸进去尝尝。我就这样整整坚持了一年的时间，也正是在这一年我打下了坚实的客户基础，一年的时间我的工作列表里面已经有了500多位客户的资料，这无疑是我人生中的一笔宝贵财富。接着，我先生的生意也越来越好，凭着毅力和努力，我们开始过了好日子。

2014年，我先生拥有的股票价值从2 000万跌到200万，公司合伙人之间出现纠纷，一时间一切都变得不确定，全家充满了焦虑。我没有时间指责他人，也没有抱怨过一句话，面对先生的消沉，我选择出门工作，我始终认为，我的情绪是最贵的，我不要因为任何事情让自己消极怠工。那时先生是不愿意我出来工作的，我感谢他这些年给我很好的住所和生活，尤其在这个关键节点，我突然出来工作，在别人看来好像是我在养家里。但我们不能因为别人的言语限制自己的行动，那是很可悲的，会为别人活一生。我只想，在这个关键时刻，在全家都低沉的时刻，我不要做一起消极的人，我要有自己的事业，有赚钱的能力。

2014年11月11日，我登上舞台讲了第一课《单身男女的形象》。那时我还怀着第三胎，早上七点，我就拎着箱子出门开始工作，为学员做衣橱整理或在舞台上讲课，怀孕的反应让我时常感觉疲惫。夜深人静时，我时常想起中学时我看的一部电影，名字是《八十天环游世界》，它启发了我不要把自己禁锢在小圈子里，世界那么大，我要有更大的眼界和格局。在梦境中，我时常回到刚毕业的日子，那时因为这部电影的启发，我在黄页上搜索中国旅行社的电话，我竟愣头青地直接打电话到总部问是否需要工作人员。经过一段时间的努力和摸索，我这个打电话的冒失女孩真的被录取做了导游。我想起那时的勇敢、冲劲儿，心里又多了许多坚定，我暗想，我一定要做成。

整个孕期包括生产后我都没有闲着，生完孩子后我开始脱发，夜里喂奶七八次，状态很不好，我决定必须立刻走出家门开始工作，我带着阿姨奔波于各城市之间，有时刚下演讲台我就要掀开衣服给孩子喂奶，也正是那个时期我的努力和形象给很多学员留下深刻印象，积攒了大量客户，打开了市场。

面对逆境的信念

我算是在逆境中，在风雨敲打中长大的花朵。在这之前，无论是婚姻、创业和生活，都在经历各种状况，我深深知道，面对逆境，第一条要紧的就是要积极争取。

我喜欢演讲，喜欢输出价值，刚起步的我不管舞台大小，所有我认识的朋友我都问过他们是否需要演讲，企业和团队是否需要培训？在我的价值观里最重要的就是感恩和成长，只要给我舞台和机会我就感恩，我不收酬劳，甚至自己倒贴食住行给朋友帮忙，我认为只要给我机会让我能成长就相当于给我钱。这样不断积极争取，不求回报，上天总会眷顾你。

有一次在澳门的活动，我抱着学习心态飞过去上课，到了现场，我想要争取成长的心又在蠢蠢欲动，于是我想办法联络到活动方，非常诚恳地表达我可以义务做主持人的想法。想想看，那是四整天的大型活动，一切都已安排就绪，临时穿插一位不熟悉的人上台似乎是不可能的事情，然而我打破了这种不可能，在我一再诚恳的坚持下，负责人帮我再次查看了流程，竟然意外地发现第四天下午有一个空档时间，我惊喜万分！就这样争取到了一次主持的机会。那几天的学习过程当中我格外认真，我随时都拿着录音笔、笔记本，听到看到任何对我有益处的内容立刻记录下来。我真切建议各位女性朋友，在学习上要始终像一块海绵一样不断吸收。在期盼中终于到了第四天下午，那天现场有千人以上，灯光聚焦在我身上，看着台下的观众，我全情投入竟超常发挥，我想一个女人能够掌控住多大的场面，也会决定你的气场和沉淀。那天我下台之后获得很多掌声和赞叹，更幸运的是，主办方联络到我，邀请我成为以后大场活动的主持人。自此以后，我登上越来越多的舞台，面对越来越多的听众，向越来越多人传达信息和发挥影响力。

当然在这十年的演讲过程当中，不是一切都顺利的，面对同行或者竞争对手，也会出现很多刺耳的声音。记得有一次我又是义务帮忙，自己出差旅费为朋友站台上台演讲，结果被有心人解读为我只是想要表现自己，甚至认为我在抢客户为自己积攒市场，要我立刻下台。这样的事情是我最不愿看到的，难道人与人之间没有利益就不可以来往吗？我的心意被误解，这是最让我难过的事情之一。我一贯的性格没有过多解释，我告诉自己，我帮助别人本就不期待回报，那么我无须在意，飞言飞语我管不了那么多，我的心要留给美好的事物，收拾行囊朝下个目的地出发，这些事就扔在脑后。

过了半年，就在2020年春节，我的抖音粉丝已经有40万，曾经这位对我很不满的同行找到我，希望和我合作推广，还开门见山地问："你不介意我以前那么说你吧？"我能说什么呢，我从来不期待别人的赞美，当然我也不会记住别人的批评。只想跟各位女性朋友说，如果你没有实力和筹码就会被挑来挑去，女人应该要站起来，自己创造生活，锤炼你的实力。

我有一位合作多年的好朋友若源，每当我们和刚认识的朋友聊起以往的创业故事，她总是不无感慨地提起一件事，我从没想过我的一次作为会让她这么受触动，每次听起来我都非常暖心感动，很幸运和这样同频、无条件支持我的伙伴一起合作，她的讲述清晰有力，她说："COCO老师是一个目标非常清晰的人，她与普通人不同之处在于她不仅有目标，还同时付以疯狂的行动。那是在2017年的4月份，有一天COCO老师召集了我们七八个姐妹，说带我们一起去外地上课学习，我们很高兴。接着她又组织我们买了同样的衣服，并且让我们在私下排练一支舞蹈。我问为什么这么做，她说这次现场有3000多个人，我们要争取机会到舞台上跳舞，展示自己的魅力，我们一出场必须惊艳全场。我问我们已经有机会上台跳舞了吗？这事情已经定下来了吗？得到的答案竟然是否定的。COCO老师只说我们准备就是了，我们准备好就一定会有机会。如果是别人说这话我们是不会去做的，但她是COCO，她想做的事情一定能成，于是我们就自己准备起来了，临出发的那一天，在路上她一直在给我们所有人打气，她就是这样一个领袖，她告诉我们要有冠军的信念，要有第一名的信念，她总是这样，打仗带兵她第一个冲。"

"在现场3000多个人里面，COCO老师每天早上都是最早穿着高跟鞋去教室门口排队的，她说要为我们整个团队抢一个最好的位置，她也是全场第一个站在桌子上面跳舞的，她的笑容和能量感染了现场每一个人。为了让我们能够上台有展示的机会，她反复地去找会务组沟通，找不同的人交流协调。她跑了不知道多少次主办方的办公室后，终于把这件事情敲定，给了我们一个可以上台展示的机会。果然这次亮相为我们组加分不少，我们都看到了希望，充满了斗志，紧接着COCO老师鼓励我，让我能够上台唱一首歌，我连忙推辞，不行不行，我可不会唱歌，COCO老师说平时你可以推辞，但是这种关键时刻可千万不能拒绝，你这次不是为了自己，是为了我们整个团队的荣誉，所以你一定要上！好吧，我咬牙也要上，那天晚上我几乎一夜没睡，真的很紧张。”

“可是我也想不到这种向前一步的力量给了我这么大的改变，第二天当我站在台上唱歌的时候，我的团队伙伴在后面为我简单地伴着舞，我才知道原来当自己手里拿着话筒、全场的焦点都在自己身上、你不再是观众的时候，是完全不一样的感受，我是主角了。我开始享受在舞台上的感觉，也是从这一次我爱上了舞台，真的非常感谢COCO老师的助力。第三天整个活动结束的时候，我们都认为我们不会得到冠军了，因为其他很多组非常优秀，他们的分很高。我们小组很多人都准备离开在向教室外面走去，我看到COCO老师很虔诚地站在桌子上面，双手合十，用渴望的目光看着舞台，看着主持人的方向，主持人开始宣布第9名、第8名，我心里想如果有第5名或第6名是我们那就不错了。我一边想着一边往外走，第5名、第6名都不是，这时我拿起手机已经准备联络司机离开这个会场了，但是COCO老师仍然一个人站在孤零零的桌子上面，双手合十，依然在用渴望的眼神看着前方。”

“最后一刻我竟然听到主持人宣布，第一名是我们，所有人齐刷刷地回头开始冲向舞台。我们真的不敢相信，在台上领奖时我们全部泪流满面，其中我记得有几位女生说她从来没有得过第一名，在她的生命当中一直都是垫底的，总是陪衬的，不被注意的，没想到有一天也能尝到第一名的滋味，那种喜极而泣的感觉太棒了！这件事情对我们所有人都意义非凡。”

这就是争取的魅力，我在雪莉·桑德伯格的书《向前一步》中读到：任何时候，不要羞于表达，向前走一步，再争取一下，再向前一下！

我记住的第二句很有魔力的话是：发生这件事情，对我有什么好处？一定要不停地这样问自己，好事情真的就会不断发生在你生命当中。

我曾经为了向一名老师学习交了25万的学费，然而从头到尾他却只给我们上了一节课程，后面便了无音讯。当时和我一起报名的许多同学选择要求退费、强制处理，或采取法律手段保护自己的利益，毫无疑问这要投入大量的精力，当然他们也有来找过我一起声讨。我在犹豫要不要把这25万争取回来，这对我来说也是一个不小的数字，这里面一半的学费是我和朋友借来的，我承诺要在两个月之内把钱还清。最终我还是决定不去争取退费，周围人都非常惊讶，我的想法是如果有时间去打官司，不如把这份精力放在我如何创造新的收入上面。投资本来就有得有失，我不应该继续陷入这个失败的教训中，我始终认为我的情绪是最贵的，我不要用这些事情来影响我的情绪。同时我也认为我要成为一个有意义的人，成为一个有价值的人，我愿意为这件事情持续不断努力，而不想把精力耗费在其他的事情上。

记得那天当我决定不参与声讨之后，我赶往高铁站，回到南京与孩子们相聚。说来可怜，虽然衣着光鲜，当时身上却只有几十块钱，记得坐出租车到高铁站的时候，由于对路程长短不熟悉，车费超出了我的预计，结果付不出80块钱的车费，司机以为我要跑单，说了一句："穿得那么漂亮，怎么连车费都付不出来？"当时我的脸从脖子一直红到头顶。我在慌乱之中打给朋友，请他们借给我100块钱应急。在高铁站静坐，我想想自己现在仍然一无所有，重新创业，欠了外债。我想到父母的期望很高，孩子的玩具很贵，我自己的梦想很远，此时却口袋空空。我闭上眼睛深呼吸，鼓励我自己：我可以创造财富，我有创造力，只要有创造力，一切都可以从头再开始。

那么现在我们来思考：这件事情发生对我有什么好处呢？你绝对想不到这件事情竟是变好的开始。正是因为这笔钱，需要两个月之内能够把钱还清给朋友的压力，所以从这天开始我回到家里便开始制定计划，一直计划到下半夜，睡三四个小时，起床继续和伙伴探讨，我更加勤奋地讲课，每一天，不管在地铁里，商场里，家里或饭局上，每一节我都精心准备内容，从不落下一天，同时借助一切可用的资源，尤其是借助互联网趋势效应，慢慢学生越来越多，转介绍越来越多，从这里开始慢慢变好。这件事看似是负面的，在当时给了我很大的痛点，却是这件事让我能够真的下定决心彻底改变，我一向认为有决心改变就是变好的开始。所以女士们，不管遇到什么，问问自己，凡事发生必有其目的并有助于我成长，这件事情发生对我有什么好处？我要如何转化危机为转机？

在低谷中开启直播事业

那是我最落魄的时期，没有钱付出租车费被司机冷嘲热讽的那阵子。我迷失了，失去了方向，在事业上生活上都陷入谷底。这时有一个机会可以去敦煌戈壁徒步108公里。也希望很多女生朋友读到这里的时候，能够打破你对徒步的刻板印象，很多女孩子觉得徒步很累很晒，风吹日晒好几天对皮肤也不好。住的客栈条件也许不好，几天下来走得浑身酸酸的，臭臭的。可是我想告诉你，当你很需要一些方向需要放松，需要找到明确方向的时候，不妨去走一走，不妨到大自然里面去徒步，有时我觉得大自然真是人类最好的老师，它不说话可是能给你很多指引。

于是我选择去戈壁徒步4天3晚108公里，没有精致的妆容，没有漂亮的高跟鞋和长裙。穿着冲锋衣、登山鞋，用帽子、围巾把自己捂得严严实实，就这样走了4天108公里。在这4天当中，我把手机放在一边，离开互联网，离开通信软件，我做得最多的事情就是独处，和自己对话，每天我最喜欢做的事情是早早起来去看日出，看太阳满满发光从地平线升起，在晚上我会一个人爬上一个小山坡，看月亮看星星，在那几个美丽的黄昏下，我看着太阳慢慢从视界消失下去，我想到父母对我的期望，我想每个月给他们足够的生活费，想让他们有美好的生活，想给孩子更好的教育，也想让自己不再有囊中羞涩的匮乏感。

我问自己，我要什么，我心中的理想是什么？如果我马上就要度过这一生，我希望我能够留下什么，为别人带来什么，我希望别人记住的我是怎样的？我花了整整4天去思考这件事。幸运的是我找到答案了，就在这4天当中，我决定重新创业，从头开始！

我做了三个全新的决定：

第一个决定，我不要再依赖别人。不要再依靠其他的大树乘凉，我要自己成为大树，我要给自己搭建舞台，以前我总是跑龙套，到处帮忙，我应该让自己开始独当一面了，我看到戈壁上也有花朵盛开，我想只要生命力旺盛到在哪里都可以存活！我要抛开所有外在的东西，我要开始学会拒绝，我决定做我自己！

第二个决定，我决定我重新开始创业的领域，依然是我热衷的女性领域。我坚定地相信，我要给女性带来价值，带来智慧，我要帮助自己，也带领更多女性活出精彩。

第三个决定，我开始实践，过去10年来我在学习上花了上百万，但是我自己的价值感和获得感总是不够，我总认为我还需要学习，还需要向内输入，可是我想是时候了，就是现在，我需要投入到市场当中去，知识永远是学不完的，最重要的是学完之后自己悟到，而悟到之后又要去做到，才能最终得到。而重新开始的平台我选择了抖音，一切从这里开始了，看似这段时期我已经触到谷底，然而惊喜的是正是从这里我开始谷底反弹了！

于是从2019年8月份开始，我做了每天直播的决定，那时我的粉丝并不多，每天直播只有两三百人同时在线观看。起初我也没有直播的经验。如果你也准备做主播进军这个领域，接下来的分享会对你会非常有益处。

忍住寂寞你就柳暗花明

亲爱的朋友们，接下来我想要给你打一个预防针，如果你想要一夜成名一夜暴富，我可以负责任地告诉你，这几乎是不可能的。你看到的一夜成名的红人，你并不知道那是“哪一夜”，是哪一个孤独的夜晚，是哪一个坚定拼搏的夜晚，是哪一个没有起色但依然坚持的夜晚？任何名利和财富都不是一夕之间造成的，你需要持续不断地训练和调整。在最开始的时候，我几乎都是对着空气讲话，以前我在线下演讲，开始做学员的时候，为了一个演讲，我凌晨三四点起来写演讲稿，我不断训练自己，一开始在很多千人以上的比赛中，我第一轮就被淘汰，或者小组赛我就被淘汰。再后来我总是主动要为别人演讲，免费为别人演讲，每一场演讲都是我自己主动申请来的，直到我一点一点积累了口碑，有了粉丝才开始拥有自己的舞台，所以要想成功，必须强迫自己突破舒适区。这样训练了几年之后，我演讲两个小时可以收费5位数。

而在线上直播也是如此，你也必须至少讲砸100多场，你必须熬过很多孤独寂寞、无人问津、暗自流泪的时光，这段磨炼的过程是一个修心的过程。很多人都想红都想做大，主播都希望有带货能力，在想和得到之间你还需要一个做到，而这个做到没有那么快，它真的有一个漫长的过程。我从2018年年底开始发短视频，要让关注你的朋友每天看到你的动态，是每一天，这非常重要，曾经有两个月我中断了视频，关注粉丝量就会下降得很明显。也许今天你很忙，也许今天没有内容可录，如果你坚定的信念是一定要做下去，这是你想要的，不要间断，再没办法也要变出内容，我每天持续的录视频，有时在路上，有时在出差的车里，有时抽空十分钟拍摄一个短视频，这成为我每天必做的事情，仅仅是能坚持做到每天更新就已经成功了一半。2019年下半年我开始直播，开始我的直播间也只有百十来人，不知道如何互动表达，沉默的时候内心很慌张，没有观看人数的时候仿佛在对着空气讲话，最难的是每天坚持直播输出内容，自己需要不停的充电，不断的新内容输出，这时我过去十年的学习沉淀便派上用场了，我脑海当中每天都要整理出直播要分享的内容亮点。2020年的今天，直播满一年，我收获了九十万的粉丝，在抖音搜索“COCO女性魅力幸福导师”找到我，你可以看到我的签名是：你们不止是我听过的故事，更是我们未来人生美丽的风景，将玻璃般的命运过成钻石般璀璨的人生！在我的直播间，每天都有真实人生故事主人公连麦，我们一起大哭过，痛骂过，爆笑过，和每位粉丝朋友的连麦就像是走进新的人生里，听别人的故事总是能启发自己并寻找到人生的意义，欢迎牛业走进我的直播间。

如果你也想直播，首先，坚持每天都播，即使我出差到新疆、云南、河北、河南、安徽、山东、上海等各地，我从不停止直播，我放弃午休时间、谢绝所有的聚餐邀请，也许你会觉得今天心情不好，今天状态不好，今天和老公吵架了，今天太累了，等等的原因让你不想直播，我想说的是一天也不要停下来，你停下来的时候依然有别人在直播。互联网的用户不在你的直播间，就会在别人的直播间。有多少次我在高铁站直播，等上了车，才发现我把一袋行李落在了高铁站的座位上，有时我在飞机上直播，飞机快起飞了，空少过来提醒我，必须关机，我才从互联网上下来，我对自己的高标准是我不给自己任何理由和借口！自己不下定决心改变就永远不会改变自己，你不革自己的命，别人就会革你的命。

其次是你对于你直播这件事情的信念，你是想要试试看，还是想要一定把它做成事业？我对自己的信念是我每天都要创造舞台让自己演讲，不管有没有人看我都要训练自己，我都要让自己成长，我做这件事情是对我自己更有益处。同时我一定要为别人创造价值，我坚信我每一次的发言、每一次演讲、每一次输出的内容，都一定对我的听众是有帮助的！你的信念、你的初心决定你的表现，也决定你最终会收获的结果。

最后，在直播前你一定要选一套你最有感觉的衣服，每个人都会有审美疲劳，你重复穿同一个类型的衣服，是会让你的粉丝感觉不到新鲜感的。在直播开始前，你要首先把自己打扮得美一点，自己看着镜子的时候，欣赏自己，要让自己都为自己心动，我记得那段时间看着镜子里的我，我会对自己说，嗨，宝贝，你真的很棒，你今天一定可以为别人创造价值，你今天一定可以为别人带来快乐，带着这样的信念，你的粉丝会源源不断地到来。我的粉丝就是这样在半年之内从直播间里上线两三百人到后来日常每天固定的同时上线1万人以上，这个数字在同时间段的排行榜里，我总是排在前三位。

在直播过程中，每个主播最重要的两个字就是状态，你付以100分的状态直播，粉丝可能只有60分的状态，但如果你只有60分的状态，粉丝可能只有40分的状态。所以今天你演的是一个主播的状态，你要学会带领学员坐过山车的感觉，一成不变的、一个调调的演讲主播是很难调动学员激情的，因为每个看直播的人他手上都有事情，有可能在打电话，有可能发着微信，有可能干家务活，有可能在公司，有可能带着小孩，有可能谈着恋爱，所以很少有能够百分百注意力集中看你的。3到4个小时甚至5个小时的直播，大多数粉丝都是来来去去的，在每个当下你是不是能够创造那个情绪的嗨点，以及能够解锁出新的能力，所以你要创造高潮迭起的感觉，让每个粉丝来到你的直播间能够找到快乐，找到价值，找到同频，找到存在感，而互动就是一种存在感，每个主播的情绪和状态非常重要。

你要学会即刻地调整自己的情绪，疗愈自己的情绪，因为在直播当中各种各样的事情都会发生，比如说被关小黑屋，比如说被禁播，比如说被黑粉吐口水，各种各样的事情都会发生。淡定从容的心境的练就，是因为踏过了多少的坎坷才能历练出一个性情稳定的人、一个情绪淡定的人，不是他天生乐观，也不是他没有坎坷和挫折，而是因为他一路踏着委屈、踏着破碎、踏着坎坷，因为哭没有用，发火也没有用，只能选择去面对。所以慢慢地，自己练就了一颗强大的心脏，面对各种无常，面对来来去去。曾经有一段时间我因为讲线下的课程，也就是去年夏天，没有好好地做直播，包括视频也没有每天更新，那段时间掉了3万多粉丝，当你习惯了每天涨粉的时候，掉粉是让你心里面是无比难受的。

耐不住孤独和寂寞又怎么能够守得住繁华呢？每一个人的成长都必然伴随着很多孤独无助的时刻，以及很多寂寞、无望的时刻。就像我在10年前学习形象设计，这一路走过来，有太多人会质疑我的职业，你看你们讲师到底赚到钱了没有？然后全国各地飞，到处演讲到处上课，你不是上课就是讲课，你到底赚到钱了没有？各种的冷眼嘲讽、各种的语言都有。可是这么多年我一直非常热爱教育，我非常非常热爱分享美、传播爱，所以支撑我走下来的就是那个热爱传播的心吧。如果没有这么多年的积累，我想也不会有现在的爆发。很多时候我们看到别人的结果都很羡慕，可是不愿意走别人曾经走过的路。你愿意将直播坚持下来吗？你愿意每一天一个人在房间里面面对空气说话吗？你能够这样自言自语吗？你能够在遇到压力的时候坦然面对吗？

做你自己的超级业务员

如果你的直播间没有观众怎么办？每个人都迫切想要加

粉，那么请充分利用你的私域流量！我每天都会在我的朋友圈发我的抖音号，做自己的超级业务员。我曾经一天1对1发了2000多个朋友微信，告诉他们我的抖音号，我几点会直播，我想要告诉全世界的人我的抖音号码，我为做一场直播而感到骄傲而自豪。也许有人会说我的直播间就几个人，我不好意思告诉朋友，我想说做主播首先三个字“不要脸”，什么意思？克服自己的面子工程！没有里子哪谈面子，我也曾经被黑粉说：“你不就是个网络乞丐吗？你不就是要讨礼物吗？你不就是利用别人吗？”我回：“这个时代，别人利用你代表你有价值，别人不用你代表你没有价值，真正有实力的人都是舍得给，真正没实力的人才会担心别人贪财贪色。”在直播间你如何和粉丝互动是需要你强大的内心的，你承载不了口水就承载不了荣耀，承载不了孤独就承载不了强大，所以每个主播都要能够面对孤独寂寞的时光，多少个日夜我没有出家门一步，一直待在一个空间里，没人跟你说话就对着屏幕练习。如果不是热爱，你坚持不了这件事情，凡是你热爱的事情，你会想办法去完成。每一天，我常常一坐就是五六个小时。直播结束后，我都会找我的团队去复盘，今天我好与不好的地方在哪里，永远保持成长的心态，无论你拥有30个还是300万的粉丝，每天都要完成，这是非常重要的。

我在抖音的签名是：“从此你们不再是我听过的故事，而是我的牵挂。”在我心中，粉丝更多是我的朋友，是我们一起诉说心事的朋友，在我的直播间里可以连线聊天，我的粉丝朋友会说出自己的故事，我们一万人在线一起探讨她生命中的课题，更多的时候，我会为她做疗愈，我喜欢她们在下线时说的那句："谢谢你COCO老师，我感觉好多了！"这就是我追寻的意义，为别人创造价值。

直播是新趋势财富波，在科技互联网发展的现代只是一个必然会影响每个人的产业。如果你想要做直播，在最开始的时候就要设计好自己的视频内容，你的视频要绝对的精准垂直，你的每条视频内容都要精练，并且保证每天都发给你的客户，拉紧你和用户之间的黏合度，最重要的是从最开始你就要想好你的商业模式是什么，许多视频博主我看到他们有很多的粉丝，却没有带货能力，那是因为没有设计一个闭合的现金流模式，这是每一个开始做直播的人都必须思考的问题，精准定位找好方向，设计好你自己的现金流模式，形成一个闭合的环，这对你长期的发展是非常重要的。

在这一章的最后我要感谢我的妈妈，关于我所有面对逆境的勇气是继承了她的特质，记得小时候有一段时间妈妈凌晨三点就要起床去卖西瓜，那时候我也跟着三点起床和她一起出门去做生意。我能回忆起妈妈推车的样子，汗水从额头留下来的轨迹，还有她身上淡淡的气味，那时我喜欢跟着她起早工作。我记得那些个朦朦胧胧的早上，我们迎着朝阳出发讨生计，这种拼搏的劲头从小就生根在我的潜意识里，它驱使着我勤劳不息，永不退缩。

直播间见证：

感恩亲爱的COCO老师分享逆商的培养，生命就是一场修行。以前不懂这句话的意思，当时光的年轮承载着经历，带着自卑、痛苦和磨难，碾压我心灵的时候，我读懂了这句话。COCO老师今晚讲“点燃”这两个字，我很认同！可以点燃的不仅仅是两性之间的关系，也可以点燃一个人敢于突破自我、敢于蜕变的勇气！开始点燃自己曾经的梦想，开始鼓励自己勇敢追逐，相信自己，相信未来的自己一定会越来越好！

看了COCO女神这么久的直播，我不禁感慨，女人为啥会逞强，因为内心匮乏，因为怕被看低。人经历过痛苦才能有驾驭痛苦的能力，人生所有的挑战都可以用来修炼我们强大的内心。我们女人要活出最好的状态，成为孩子的榜样。当你有选择权的时候你才可以更淡定从容的做自己。女人活着的意义就是绽放自己，你有能力，你有价值，总有一天你会发光。

——网友“歌”

第五章
性商

性商重要吗?

志玲姐姐的高性商

私房秘话

女人发挥好你羞涩的优势

艳后调香

如何提高性商?

性商重要吗?

亲爱的女士们，这一章我们敲黑板划重点，真的要认真和你聊聊性商这个话题。我们的传统教育总是羞涩于谈起性，记得我小时候看到电视里卫生用品的广告我问妈妈这是什么，妈妈说小孩子不要问，长大你就知道了。青春期时我来了月经，我完全不知道这是什么，我吓坏了，不敢告诉家里，躲躲藏藏地瞒过了第一个月，第二个月我的裤子脏了被妈妈发现了，才知道我已经成人了。更夸张的是，我到了大学才知道女生要穿文胸，对于性的美好，作为女生的美好，是完全空白的。我们的文化里对于性，大多数两辈人之间都不能敞开教育，可是你有想过，你的孩子不从你这里了解性，那么要从哪里揭开谜团呢？青春期时期随着人的长大而好奇世界，好奇人类，这是成长的自然反应，不要遮遮掩掩，现在时代日益发达，你不做孩子的老师，互联网会做孩子的老师，他会从各种网页、视频里了解，我想那是很多家长更不愿意看到的。

性商不完全是性，性也不就是性商。性商和“性”有关，但不是“性”，看标题后想歪的同学，请自动面壁。用性博得别人的喜欢，那是勾引，归根到底，性不能博得别人的喜欢和尊重，只能是取悦。性商绝对不是轻浮地挑逗和低俗的手段，性商是指吸引异性并让他身心愉悦的能力。

女性有三个指数衡量社交能力，分别是智商、情商和性商。性商有多重要？我很难用三五句话把它的重要性说出来。生活中我们经常提到情商、智商，但大多数人对性商的了解并不完整。国际上将性商和智商、情商并列成为衡量一个人的社交能力的标准，性商的重要程度等同于双商，它决定着你的脱单概率与家庭婚姻和谐程度。性商，专指与异性交往的能力，能否被对方欣赏、接纳，能否对异性的思想行为具有超前、正确的洞察力，也通指女性对待人生和幸福的方式。它不仅需要从生理上衡量，还取决于一个人的心理稳定程度。性商指数受社会环境、受教育程度、原生家庭的影响，各有高低。有的人能很好地和异性互动，轻易就能博得异性好感。而有的人似乎天生没有异性缘，面对异性不知所措。

女性性商高的人通常有以下几个特点，欢迎对号入座。分别是有清晰目标、懂得自我管理、不放过任何一个机会、善于利用女性优势、不顺时依然冷静。如果以上一点都没有，也不用着急，性商是可以开发的！可以学学志玲姐姐，照葫芦画瓢，男人还真吃那一套。

志玲姐姐的高性商

性商高的人，会传递出阳光向上的正能量，让人际关系更加和煦、饱满、丰富。传递的方法有很多种，可以委屈自己去温暖异性；而高性商的传递，是让自己幸福，再用幸福去感染外界。性商是一种同时提升自己也提升异性生活质量的方式，让接触它的人都能体会到美好生活的真谛。

来看看林志玲如何做到礼貌又优雅地散发女性魅力：

林志玲个子很高，她会很注意避免他人（尤其是男性）站在她身边的尴尬，只要与男性合照绝不穿高跟鞋。春晚上，当比她矮的董卿走到她身边时，她主动往后退，以减少两人身高在视觉上的差距。

要学习林志玲非常会使用自己的女性优势。一次发布会上，林志玲被追问恋情，她不想回答，却没有直接拒绝，只是用可怜兮兮的眼神看着那位男性记者，直到对方不忍追问。还要会不着痕迹地赞美，在《赤壁》的发布会上，林志玲被问到是否介意与梁朝伟的身高不相称，她说："男人的气度远胜于高度。"回答流畅而自然。更要会用智慧化解困境，参加某节目，主持人问：如果富商出500万请她共进私人晚餐时会如何选择。她回答："我会参加，然后把这500万捐给慈善机构。"在观众的掌声中，她又接着对主持人说："去的时候一定会把你带上。"困境瞬间化解，还换来了笑声。

私房秘话

性商高的女人，一般手握两种配方：给有情之辈吃春药，给无情之士喝毒药。这里我特别需要讲一点，我发现很多女人认为只要两个人深爱，情到深处时，不需要性商，一切都自然而然——大错特错。也许一次两次三次，一年两年，情到深处的你们一切都自然而然地嗨。那三年，四年，五年……之后呢？

为什么性爱的激情那么容易消退？为什么爱情也不能留住激情？就连爱得如胶似漆的夫妻在一起的时间长了，都不能幸免于左手摸右手的感觉。因为性和爱是分开的。举个例子，一个男人结婚十年，仍然深爱自己的妻子。但他看电影，里面风姿卓约的女主角却可能让他产生性冲动。这种冲动，也许连生活十年，他爱着的妻子，都不见得能够给予。出现问题，如何保修？保修不了，应该怎么办？而这些都属于性商的范畴。所以，两情相悦真的不需要性商吗？扯淡。

曾经婚姻对于女人而言，是种约束制度。男人利用女人传宗接代，而女人则利用婚姻依附在男人身上。封建时期的女人，要么有尊严地死去，要么没尊严地活着。可现在时代变了，不论男女我们对婚姻、对性、对爱情的需求发生了质的蜕变。我们需要什么样的两性关系？

首先我想我们都渴望一种安全的、可靠的、可依赖并且永恒持续的两性关系。什么东西可以让我们感到安稳？家。所以，我们渴望有一段婚姻，然后建立一个完整的家。其次是精神层面，人类要求有家的安稳，同时我们又强烈地需要另一种两性关系，足够新奇、神秘、刺激。

要安稳，也要刺激。这叫什么？“有激情的婚姻”。安稳和刺激，是两个相互矛盾的理念。但今天，人类想要把这两种东西都容纳在两性关系里，让它们并存。伴侣既能让我觉得安稳，又能给我新奇。既可以是肝胆相照的夫妻，也应该是激情四射的情人。如何才能达到？两个字：性商。

提到激情，从生活层面来讲，大多数人想到的就是：偶尔出去旅游、偶尔制造浪漫和惊喜等。从性爱的层面来讲，大多数人想到的就是：使用情趣用品、情趣游戏、穿些性感内衣等。这些方法有效吗？有。但你必须明白，这些方法为什么有效果？在这些方法的背后，让我们新鲜而刺激的原因到底是什么？只有理解，才能学以致用，融会贯通。性商高的女人太懂得如何发掘、展示、包装自己的万种风情。今天的你调皮可爱、明天的你成熟优雅、后天的你端庄大方、后后天的你前卫时尚……人生就是电影，精不精彩，够不够吸引人，全然看你如何撰写自己的剧本。而这支笔，一直在你手上。是丢掉，还是拿起来，随你。

我的邻居是位好大姐，我们一向相处融洽，早上起晚了，手忙脚乱地把孩子送到学校，回到家刚一坐下，就看到丈夫懒洋洋地从屋里走出来。历来好脾气的大姐居然反常地对着自己的丈夫找茬，横挑鼻子竖挑眼，于是两人不欢而散。中午和我一起吃饭时，大姐主动说起这件事，其实丈夫也没做什么，但是她当时觉得对方怎么看怎么不顺眼，所以开启了不友好的聊天界面。

大姐问我，她是不是情商低，接着又开始自言自语，最近家里事情特别多，两人都顶着生活压力，常常因为鸡毛蒜皮的事情拌嘴。明显感觉到丈夫不想跟她相处在同一个空间，吃饭的时候也会刻意避免与她交集，丈夫越是躲避她就越烦躁，一开口说话就是夹枪带棒……“你们俩多久没有好好亲热了？”我打断了大姐的话。大姐顿了一下回答：“这都老夫老妻了，没必要想这些事情了，也难为情。”“想想你们很久之前经常亲热的时候，是怎么解决问题的。”大姐想了很久：“那时候，好像也没什么问题……”说完以后大姐自己沉默了许久。

无独有偶，最近我一个表妹也有这种苦恼，但她无意间巧妙地用性解决了双方的小矛盾。我的表妹一直立志于考公务员，屡战屡败，一直到结婚后自己带了孩子，还一直在参加公务员考试。最后终于进了，而且还是面试、笔试双双第一名的好成绩，她谈到自己这次成功的经历，不得不感叹，那几天自己很焦虑，在单位顶撞了领导，同事间也不愉快。回到家对着丈夫一顿吼，丈夫却在她最狂躁的时候吻了她，她在那一瞬间安静下来，接下来是一场身体上的发泄。身体是诚实的，在高速运转的社会当中，身体和内心都缺乏释放，性是一个既能释放情感又能释放负能量的机制。更神奇的是性释放过后，它还能让身体和心灵空间得到更多的能量储蓄去应对生活中的各种难题。令人意外的是，冷静下来的表妹一心复习，以极大的自信在面试中对答如流。在公司的人事关系中积极和顺，提升工作效率，让领导刮目相看。

良好的夫妻关系，让表妹觉得很舒适，积压在体内的情绪似乎可以通过另外一种更和谐的方式宣泄，为什么一定要去伤害别人？

高的性商，其实也是一种解决问题的方式，能自然维护家庭和平美好的关系。和谐的性爱是影响一个家庭幸福的关键，不管外界如何纷繁复杂，只要让不良的情绪通过夫妻间的能量相互融合，最终成为积极向上的能量，这才是最幸福的。学会与自己的身体相处，学会与情感相处，才能真正感受到生活的美好。

和谐的床笫之欢，我有三个小贴士想和你分享，不要认为提高性爱技巧只是取悦对方，那么就格局太小了，你最好先取悦自己，而一场好的性爱是彼此享受的过程。

首先，把彼此的感受放在第一位。为什么很多男人都有恋母情怀，他需要的不是一个真正的妈妈，而是一个能像母亲一样理解他的人，所以高性商的女人非常理解和懂得自己的男人，懂得他心灵的缺失和需求，而不是只做一个给他端汤做饭洗衣的老妈子。同理，很多低性商的男生误以为想让女生达到高潮，必须身体强健，持久性长等。然而，这并不能带给女生真正美好的性体验。低性商的女生也一样，全程平躺不劳而获，男生表现不佳时便恶语相向，批评指责。是的，性商低这事儿，不分男女。性的本质是互相取悦。既然是互相取悦，那么，相互间的互动必不可少。在互动时，观察和尊重对方的感受很重要。

其次，要剔除不合理的认知。很多人可能一辈子都没有体会过由性带来的快乐。因为很多人对性的认知是不合理的，认为性是肮脏的，是丑陋的，是不允许被享受的。有这种不合理的认知，怪谁？怪社会匮乏的性教育，还是怪父母对性教育的漠视？怪什么都没用，要提高性商，首先要学会改变自己。高性商的女人很清楚男人不管是从基因的角度还是从生理的角度都是猎人而非猎物。普通女人只会想着用低胸去撩拨男人，而高性商的女人会让男人不由自主地时刻想念，而想你的时候他不仅是想和你寻欢，更把你放在了他规划的未来里，他会幻想一个温暖的家里有你的身影，当他在外面工作疲惫时，想到你的笑容便会让他愉悦和轻松。

最后，要敢于用真诚的态度去沟通。“屁越憋越臭，问题越藏越坏”，话粗理不粗。伴侣双方在性问题上感到不满意，千万别藏着掖着。就像弹簧一样，你越往下压，反弹的力量就越强。最后，甚至会威胁到你们的感情。找个时间，放下手机，用真诚的态度去跟伴侣沟通性爱，这并不丢脸。爱爱不是蛮干，你要有性商。有科学统计称，中国男女性商普遍低于欧美国家。中国男人到了55.9岁以后，性生活就很难维持了。女性中只有三分之一的受访者表示满足，三分之一表示勉强满足，不到30%的女人真正体会过高潮。可见，爱爱不是一件蛮干的体力活，我们还要有性商。随着女人受教育水平提高，经济能力提高，独立性增强，女性在社会上的话语权逐渐加强。如今的社会，已经形成了以80、90年代女性为主的“新时代女性”群体，她们以社交软件为平台，敢于表达自己的愿望与诉求。

而这一切，都代表着女性的性商能力逐渐得到重视和提升。女生，别太压抑自己，勇敢地放大女性魅力。据说，污一点的女生更可爱，也更受男人喜爱。

女人发挥好你羞涩的优势

心理学家唐纳德·卢卡尔曾经对1000名男士做过一项调查，他首先问这些男士，在他们心里什么样的女人才是最美丽的。1000名男士分别给出各种各样的答案，有的说脸蛋漂亮，有的说身材苗条，有的说气质高雅。可是当唐纳德问他们认为女人在什么情况下最美丽的时候，1000个男士几乎都回答说，在害羞的时候。后来唐纳德发表了一篇调查报告，其中写道，对所有男人来说，我是说所有，最无法抗拒的就是女人的羞涩。女人的魅力，有千百种女人也可以通过各种各样的方式来吸引男士们的注意，但是不管什么方法都不能和羞涩相比，我可以肯定地说，懂得羞涩的女人永远都是最美丽的。

羞涩这个词似乎已经离现代人越来越远，的确，干吗要羞涩呢？在这个竞争如此大的社会羞涩又能起到什么作用呢？你害羞那你就别想找到一份工作，你害羞就别想领到高薪水，你害羞就别想升职，你害羞那么你终将饿死，这是大部分独立女性的想法，我不是随便说的，事实上很多女士都认为只有性格泼辣一点，做起事来风风火火才能在这个社会上更好地生存，至于羞涩那是几百年前童话里的东西了。

首先我要肯定女士们的这种想法，因为如今不管遇到什么事，如果你不主动争取的话，那么成功性将会小很多，不过女士们并不能因此否定羞涩的重要性。事实上，羞涩是人类的一种美德，也是人类文明进步的产物。著名专栏作家迪卡尔曾经说过，任何一种动物即使是最接近人类的黑猩猩，也绝不会有羞涩的表现，人类最天然最纯真的情感表现就是羞涩，这是一种难为情的心理表现，往往与带有甜美的惊慌紧张的心跳相连，对于女人来说，羞涩就是一枝青春的花朵，也是一种女人特有的魅力。

我在卡耐基的书中看到卡耐基去参加他的朋友约翰·德里克的婚礼，他是纽约的商界奇才，婚礼仪式结束以后，在场的来宾要求他讲述一下他们的恋爱史。德里克有些腼腆地说：其实我和妻子是在一次聚会上认识的，那天派对上有很多漂亮迷人的女士，我妻子在其中并不显眼，然而当我去请她跳舞的时候，我的心立即被她俘获了。我走到她面前对她说，小姐我能请你跳支舞吗？当时她很羞涩地低下了头，脸上泛起了红晕，怯生生地说，对不起先生，我怕我跳不好，那样会出丑的。上帝啊，我相信那是世界上最美妙的声音，而她就是我生命中的天使，我不知道自己怎么了，但我确定我已经爱上她了，从那以后我对她展开了疯狂的攻势。开始的时候我总是找借口约她出来或是送她一些礼物，她每次都很羞涩地拒绝我，你们可能认为我会退缩，不，她的这种羞涩反而让我更加痴迷，于是我不停地约她送她礼物，向她表达爱意，当我把求婚戒指摆在她面前的时候，她的脸就像一个红红的苹果，那时我真觉得她是世上最美的女人，还好她最后答应了我的请求，成了我的妻子。

看了这个故事，我相信你们一定都知道是什么打动了这位商界奇才的心，没错，就是他妻子诱人的羞涩。我们试想一下，如果当时那位女士不是腼腆而是异常兴奋地说哦，天哪，你就是商业奇才，约翰·德里克吧，你是我的偶像，我早就知道你了，好吧，我们跳舞吧，那跳完舞之后我们再去喝点什么呢。这样的性格表达，我想这位商界奇才一定会吓得逃之夭夭。

对于女性来说羞涩是我们独具的特色，是特有的风韵和风采，我们要善于发挥自己作为女性的优势。羞涩会让一个女人看起来魅力非凡。如果一个女人缺少了羞涩，势必就会失去应有的光彩，羞涩是属于女性的，也是女性的特色之美。康德曾经说，羞涩是大自然蕴含的某种特殊的秘密，是用来压制人类放纵欲望的。它跟着自然的召唤者，并且永远都与善良和美德在一起。

我曾经看过这样一对夫妇，他们的故事对我大有启发，他们应该是最令人羡慕的一对夫妻了，他们结婚已经30年，却每天都过着像初恋般的日子，两个人经常送对方一些礼物，每天要到附近的树林里散步，对大多数夫妻来说，结婚后还说一些情话，似乎是太过肉麻的事情。但是在这对夫妻看来是再正常不过的了，这位先生说他每天晚上都要和妻子说“晚安，我的甜心”，这真是太不可思议了，是什么使这对夫妻永葆新鲜呢？为了找到问题的答案，我专程拜访了斯太尔先生。斯太尔对我说，他们的关系之所以能够保持亲密如初，这和他妻子有很大的关系，原来他的夫人生性有些腼腆，很容易害羞，即使结婚了也依然如故，斯特尔先生说，我妻子很害羞，送她一件小礼物她的脸就会通红，还会小声和我说谢谢，在别人看来也许我妻子有心理疾病，因为她对丈夫不应该这样，事实上我妻子在其他事情上都很正常，唯独在我们的夫妻关系上显得羞涩，然而正是这种羞涩让我如痴如醉，感觉她依然是我以前所爱恋的那个姑娘，因此我总是尽力讨好她，让她开心。在采访完斯特尔先生之后，我找到了他的夫人，然而让我大吃一惊的是，这位夫人一点也不腼腆，还非常健谈，我问她到底怎么回事。她回答我说，以前我的确很害羞，但是经过这么多年的磨炼已经不再那样了，可是我知道我丈夫非常喜欢以前那个胆怯的爱脸红的小姑娘，所以我就在他面前依然保持原来的样子，这很有效，因为丈夫总是把我当成那个小女孩，他会记得，还会给我一些礼物，同时他对我有说不完的甜言蜜语。从那以后我更加相信女人的羞涩有惊人的魅力和功能，它可以唤醒两性关系中的精神因素，从而使得两性之间的生理作用减弱了许多。在这个世界上，没有一种色彩比女人羞涩更美丽，我相信很多女生已经跃跃欲试，想要知道到底该如何表现羞涩，其实没有必要刻意学习，因为羞涩是女人的天性，想一想当你们第一次收到男朋友礼物时是什么感觉，他第一次约你时是什么感觉？多想想这些，你就会体会到什么是真正的羞涩了。

虽然我没有具体的办法要送给你，但我要提醒你两点是很重要的：第一点，很多女人存在一个误区，认为羞涩就是不好意思，甚至是胆怯，当然羞涩中要包含一点点胆怯，那样才会产生一种朦胧的美感，可是如果一味地退让妥协不敢出击，那么就不是羞涩了，而是懦弱，我在前面的文章中已经提到过，温柔和懦弱不是一回事，同样羞涩和懦弱也不是一回事，女士们不要为了得到男人的爱而放弃了自己的原则，那样的做法得不偿失。第二点也很重要，很多女人看完之后也许想让自己变得羞涩，于是对着镜子练习揣摩别人的心思，结果她们表现的羞涩给人一种十分做作的感觉。事实上这种刻意追求表现出来的羞涩，不但不会有美感，反而引起反感，所以请记住：发自内心最纯真的朴实的羞涩，才是最有诱惑力的。

艳后调香

精油的风靡不仅仅存在于西方，在文明高度发达的古埃及，他们创造了神秘的金字塔，熟知天文学和数学，制造木乃伊防止尸体腐烂，同时他们也是最早使用芳香疗法的民族。在古埃及的调香历史中，最著名的精油代言人就是众所周知的埃及艳后克丽奥佩特拉。而埃及艳后借助恺撒大帝及安东尼的力量，守护埃及王朝二十多年的秘诀，除了个人的聪明才智，其芳香媚术和驻颜术也是功不可没的。

如果你看过《埃及艳后》，不知道你是否对艳后泡澡和涂抹护肤品的镜头还有印象？是否还记得安东尼在三年后再次见到艳后时候真心的夸赞："三年了，你怎么会愈来愈美艳？"是的，艳后生活在有"沙漠王国"之称的埃及，属热带沙漠气候，全国干燥少雨，气候干热。在这么恶劣的自然环境下，她到底是靠什么保养自己的呢？

1922年，当考古学家打开图坦卡蒙的陵寝时，奇裴（kyphi，古埃人最爱用的天然油之一）的气味迎面扑来。考古学家同时发现装有香脂的瓶子还散发着乳香的香气，在解开一个距离今天近3000年前的木乃伊包裹之时，可以闻到裹布上还散发着没药及雪松的香气。封存了3000多年的香气仍隐约可闻，可见特制的植物香味是经久不衰的。埃及木乃伊的出土让我们了解到一些芳香植物除了有赋香作用，还具有卓越的防腐功能，所以最早，古埃及人民使用松针、雪松、没药及肉桂等植物进行防腐。并且在胡夫法老建造的"大金字塔"中，发现不少化妆品、药品、按摩膏的记载：丝柏用来驱魔，药品被用来治疗眼睛发炎，芳香膏是献给神明的贡品。制作香膏的祭师们也就是最早的调香师，在古埃及有很高的社会地位。

古埃及女子相信精油是美容养颜的秘方。人们可以在壁画中看到古埃及人会在头上戴着一个圆锥形香膏，在宴会进行中会慢慢地溶化。古老的文书也记载着将乳香揉碎搅拌并倒入新鲜牛奶中，在脸上连敷六天的美容配方。作为那个时代最著名的精油养生驻颜代言人，埃及艳后克丽奥佩特拉经常使用乳香等多种不同气味的香水和香油来浸浴，还曾耗费巨资以"香膏花园"的植物来制作香油，让自己的手部柔软。在沐浴之后以香精油按摩身体，以在沙漠恶劣的环境下保护她美丽的肌肤。在后世的传说中，埃及艳后五十岁的时候，依旧拥有三十岁的容颜，虽然现在我们无法考证，但是她用多种不同香气的香水和香油来浸浴，用香精来按摩身体保持肌肤光滑水润的方法，在现代社会得到了证实。为了俘获安东尼的心，她在迎接他的豪华楼船上抹上了大量的丁香气味，在房间里洒满玫瑰花瓣，还专门雇了一堆小屁孩在一旁不停地扇扇子，以增加她身上香氛对男人的诱惑力。于是，安东尼叔叔就这样被艳后轻松拿下……历史学界，我们前面已经提过，有学派甚至认为埃及艳后长得丑那么除了她的智慧和才学，还有一部分原因是她使用香精油让自己身上充满的魅惑味道，以及她使用香精油驻颜、永葆青春的功劳。

如何提高性商?

一、别忘了你是女人，温柔一些

传统的女性特征应该是温柔如水，而男性应该是阳刚如虎，可在生活当中，很多女性把自己的性魅力用错了，把自己变得像虎一样发号施令，全无温柔感。人们都知道妻管严这个名词，顾名思义就是男人事事听老婆话，时时听老婆言，老婆让他往东他不敢往西，老婆让他往上，他不敢往下，无论何时都不敢违背老婆大人的意愿。

很多女人认为拥有一个妻管严老公是很荣耀光彩的事情，这样可以衡量自己在老公心里的地位与重要性，甚至用此来衡量丈夫爱自己的程度，既满足自己被重视的需要又满足了自己的虚荣心，何乐而不为呢？现今社会流行妻管严，这无可厚非，在家庭里只要两个人没意见，老公愿做妻管严，事事听妻子的话，在家中无伤大雅，而且很多事老公不用操心也乐得自在。可是没有男人愿意在大庭广众面前甘愿做妻管严，我也从来没有听说哪个男人公开在别人面前说自己在家事无巨细都要听从妻子的，即使那些在家里毫无地位的男人，一旦站在他人面前都要充当的男子汉，目的很简单，就是满足自尊心。遗憾的是很多女人不明白这个道理，不懂男人这种内外不一的心理。有时会自觉不自觉地把只有夫妻单独在一起的那种颐指气使的威风带到公共场合来，用来显示自己家庭地位的权威性和对丈夫的绝对管束，并以此为荣得意扬扬，这样导致的结果有两种：一是男人威信扫地感到很尴尬狼狈，以致成为社交场合中被人嘲笑的对象；二是使男人对女人产生反感采取抵抗的做法，甚至引发不愉快的家庭矛盾。

有一对夫妻在节假日去桂林旅游，那是他们从结婚以来一直都想去的一个城市。这个假期他们两个人终于达成了这个目标，报了旅游团，在玩耍的过程当中都非常开心。有一天在爬山的时候，妻子看到旁边有一个丈夫在给他的妻子系鞋带，她觉得很羡慕，于是便当众对自己的丈夫说，老公你看人家做得多好，我也累了，给我系鞋带。这位先生本来就是内向的性格，不喜欢在外面表现，更不喜欢引起别人的注意，可是当妻子这样一说，所有人的目光都集中在先生的身上，看他能怎么做，他脸涨得通红实在下不来台，很不情愿地低头给老婆系鞋带。其实在以前他们也从未有过这样的举动。老婆很威风，得意地说自己的老公乖。这位当众戏弄自己老公的妻子，看似威风十足，实际上在无形之中做了一件极度愚蠢的事情，万事要有度，一过度就变味。男人可以容忍妻子在家中对自己呼来唤去，大多是出于对妻子的爱，但女人切不可当众颐指气使。命令他直至男人俯首称臣才罢休，对于男人而言，哪怕事后自己进门要跪搓衣板，但进门之前这点男子汉自尊是少不得的，也是触犯不得的。退一步说，如果你的男人什么事情都让你想着让你担着不带脑子做任何事，喝水都要请示这样的老公是你想要的吗？将男人变成自己脚边一只唯命是从谨小慎微的哈巴狗，这样的男人在交际场上还有什么威风可言？事实上男人亦有一番心理，如果小小的事情都要请示女人，不管去哪里都打报告，那样的结局可想而知，如果有一天他真想去做什么，他会什么都不说或者骗你，这是你想要的结局吗？婚姻如棋，下棋者要懂得如何进攻，如何防守，才能将一局棋吓得有滋有味，如果一方只知进攻，占尽先机，另一方一味防守一退再退，这样的棋还想下吗？那么正确的做法应该是什么呢？就是适当给他尊重，给他空间。

我有个朋友芳芳，她和老公在家里很有意思，老公对她百依百顺，她像女王一样，掌管家里的所有事，但是很奇妙的是，有一天她老公在外面加班，她给老公打电话，还没说几句她老公的声音就提高了8度，说好了好了，我知道了，忙着呢，挂了。旁边的同事都竖着耳朵准备听好戏，心想这老婆一定会生气，谁知传来的是芳芳温柔的声音，老公我知道了，你在忙，忙完了告诉我，我好在家给你做好饭等你哦。这下同事大吃一惊，说她老公可真威风，可真有大男子气概，芳芳配合得天衣无缝，回到家她老公自然也开开心心的，继续当一个快乐的妻奴，还帮她洗衣做饭。

即使这位老公在家里愿意做妻管严，但几千年男权社会下来，大男子主义劣根性暂时是不可能被根除的，尤其是在他人在场的情况下，如果女人在外不煞老公的威风，男人就会对你的善解人意心存感激，会投桃报李，回家就更服服帖帖了。无论你是多优秀的女人，甚至明显强于你的爱人，在大庭广众之下最好给他必要的尊重，让他有男人的尊严，改变这种情况并不需要花费多少精力和时间，只需要稍微改变一下态度，适可而止，点到为止，伸张有度，便可皆大欢喜。

很多女人会抱怨男人不心疼自己，不帮自己买菜，不帮忙分担一些，请问你自己在他面前表现过温柔的一面吗？我想很多人的答案是没有，我不想让他感觉我软弱，殊不知你表现得像母夜叉一样刚毅，会被男人以为是男人婆，如此一来男人从你那里找不到作为男人的信心和魅力，男子汉的阳刚气概就得不到发挥。在大多数男人看来，女子就温柔如玉，如此才能衬托阳刚之气，才有美好的爱情家庭。有些女性为了表示自己能干，怕失去在爱人心中的地位，总是表现出自己不弱于人的一面，与爱人硬碰硬，那么可想而知，在这场力量型的决斗中，无论谁胜谁负都是两败俱伤。一个女人可以不漂亮，可是不能不温柔，男人可以抵抗社会中各式各样的诱惑，却无法抵抗如水的温柔。当一男一女发生矛盾时，女方轻声啜泣比号啕大哭更令男人服软，更能触动他的内心，一个温柔妩媚的女人总是比一个独立刚强的女人在感情上更占优势。朋友小丽经营着一家美甲店，她说她见过很多贵妇来店里面做美容，但唯独有一个让她印象非常深刻。她说这位女士长得并不算多漂亮，在人群当中算是很普通的一个，但是她嫁得非常好，过得很幸福，就连做个指甲她的先生都会开车来接她。开始小丽想不明白这是为什么，直到有一次她正在给这个女士做指甲时，女士的老公打来电话，说在那边有一些很急的事情想让她帮忙处理，女士语气非常轻柔地说老公没关系，不要急，我会处理好的，嗯嗯，好的，那你看这样做可以吗？太好了，晚上早点回来我们再一起商量商量吧，爱你。从头到尾女士都是笑呵呵的，没有任何急躁，就像一碗水一样，不管对方是什么情绪，她都能够把它给柔化下来。

你看，男人需要女人的温柔，正如女人需要男人的阳刚一样，这是心理和生理的差异造成的，也是男性女性之间互补性的要求，温柔是女人不可缺少的资质和品性，女人的温柔是男人心中浓得化不开的一抹香艳，女人的温柔更是男人梦寐以求的一场风花雪月。对男人而言，柔就是美的代名词，弱就是娇的最大体现，总之具有阳刚之气的男人是钢，聪明的女人要懂得以柔克刚，强大的力量不可能把男人打折变弯，可是女人如果用温柔的小火苗慢慢烧，形状就任你选择了，即使是百炼钢也可以化作绕指柔，所以尽量展现自己温柔的魅力吧，只要你身边的爱人知道，原来我的女人很温柔，才能激起他的保护欲，才让两个人有贴心的感觉。

柔道最早起源于中国。在这种搏击比赛中，选手之间没有激烈的硬碰硬的较量，参赛者往往对对手的进攻采取忍让态度，接着再伺机发动进攻和反攻。而人与人相处，如果你能做到以柔克刚的话，就可以避免很多麻烦。我一直都认为，除了外貌气质以外，处事方法最能体现女性魅力的地方就是柔情，没有一个人会把一个斤斤计较、毫不退缩、丝毫不让的女人跟魅力两个字联系起来，跟这种女人相处是一件让人头疼的事情。相反，如果一个女人对谁都笑容满面，从不发火，都能用委婉的方法来处理问题的话，她会成为众人眼中最有魅力的女人。

有一位老板在和朋友吃饭聊天的时候，曾经抱怨过，他们公司新来的一位打字员，简直笨得要死，很多基本的单词都会打错，速度也比较慢。吃完这顿饭，他就准备辞退她了，这本来是一件小事，过了几年后他们无意间谈论这件事情，这位老板却说真遗憾，她已经结婚准备怀孕了，所以只好辞职，他的朋友很不解地问他，之前记得你说马上要辞退她，怎么现在还非常不舍得呢？莫非她现在的工作能力超群？这位老板笑了笑说，并没有，事实上她依然还是会经常犯错，但是我发现她能给整个办公室带来舒适的感觉。她很温柔，每个人都跟她相处很融洽，她是我们人际关系里的润滑剂，正是因为有她的存在，所以减少了很多摩擦。

这个故事给我的印象非常深刻。我想你一定想要开始学习关于温柔的方法。首先一个懂得“柔”道的女人，要学会微笑。曾经有人问过李连杰说你会这么多功夫，你认为最好的武功是什么？他的回答是微笑，微笑是会打开对方心灵的。试想一下，如果你对面站的是一位愁眉苦脸、郁郁寡欢的女人，你怎么可能把她跟魅力联系起来？其次，既然是“柔”道，温柔就是必不可少的，最能体现温柔的地方就是你说话的声音，我们所说的声音，不是低声细语，胆怯地害羞地轻声说话，而是一种将自己内心柔情的一面展示给对方的方法。如果女士们能够做到这一点，再配上微笑的脸庞，那么相信没有人会不被你的魅力折服。

最后，最大限度上保持不要与人发生争吵。道理很简单，争吵是最直接、最愚蠢、最无能的解决方式，所以不管遇到什么问题，压制住自己的怒火，不要为了逞一时之快失了风度。

我们建议现代女性有自己的事业和社交圈子，但如何让自己得到男性的尊重，也是她们要考虑的问题。其实许多大女人也许并不是真的想做大女人，每个女人骨子里面都有小女人的情怀，只是她们的生活环境和方式以及现在的地位，不允许她有丝毫的松懈，只能上紧发条不停地做事。要知道这个世界是由男人和女人组成，性别本身就是有差异的，让他们各司其职，那些体力劳动和辛苦的工作交给男人去做吧，女性尽可能做好自己擅长的或喜欢的工作。如果由于生活的原因，你不得不与男性同台竞争，请自我调节，让自己不要那么咄咄逼人，也许你成功的机会会更大。如果你已经成功了，维护好你的爱情和家庭，别让自己太累，让你的丈夫子女感觉家里缺少了应有的女人味或者母爱。请不要把家当成你的办公室，这样你才能事业、爱情双丰收。

二、适当装糊涂

有些女人长得非常漂亮，可就是情路坎坷，更有甚者她的每一次恋爱失败都是男方提出的分手。让很多人非常不解，只能说她没有充分利用自己作为女性的魅力。我有一位朋友，还是个女生，她非常漂亮有气质，在人群当中总是让人容易一眼就看到她，可是她情路很坎坷，交过几个男朋友都不长久，最开始因为她的外貌而靠近她的男人不久也会离开。直到有一次我跟她深入聊天，我渐渐发现她的问题所在，她是一个过度聪明的女人，在和男朋友发生争吵的时候，她从来不会主动服软，也不会说温柔的情话，她总认为自己很聪明，自己的推理就是正确的，她的态度就是要和对方决战，非得来个终极较量说出个谁对谁错来，而这样认真计较的女人是最让男人怕的。

现代社会，女人要独立，要经济自由，这固然是好的，可是女人如果太独立太聪明就会让男人敬而远之。女人聪明点可以，但在男人面前最好装着不要太聪明，适当地留一点问题给男人，让他去发挥聪明才智。

女人越漂亮，男人越贴近；女人越聪明，男人越排斥，这是一个普遍的社会性问题。大多数男人不喜欢女人太聪明，最起码不要比自己聪明，特别是自己的老婆。女人太过聪明，自然就犀利通透，洞察一切，看事情一下子击中要害，这在很大程度上会打击男人的自信心。而且将一切想法一览无余，说一句话就被看到心里去，对男人来说威胁太大难有安全感，再没有比让一个女人把自己看透看扁更让男人无所适从的事，所以对男人来说有的女人很漂亮，可是她过于聪明，朝夕相处未免太难。

我身边有一位好朋友，她微商做得非常好，团队很大，年收入百万以上，每次看她带领自己团队做业绩的时候、在会议上在台上讲话的时候，她总是那么英姿飒爽，有大将风范。她在家的时间不多，可是夫妻感情非常好，最近听说她怀上了二胎，去她家探望时，我发现了她幸福的秘诀。她在和自己的下属沟通聊天的时候，下属来征求她的建议时，她说我不说了，让我们家董事长也就是她老公来解决，于是大家就跑去问她老公。她当时说话的模样和她平时在外面工作时候的样子完全不同，她把出彩的机会留给她的老公，让自己显得不太懂的样子。那天在她家小聚的时候，很多事情她都会问老公这个要怎么做呢？你可以教教我吗？我不太明白呢。

即使丈夫没有自己能挣钱，地位不如自己，这位女领导人也没有在丈夫面前炫耀什么，而是表现得处处需要他，令他既怜惜自己又衬托他的伟岸强大，使他清楚认识到自己的价值，自信心也提升到了新的台阶。无论什么样的男人，无论他强壮与否，不管他健康与否，内心都希望自己在心爱的女人心中是高大的，能给自己的爱人带来安全感。懂得尊重爱人的女人无疑会比其他女人获得爱人更多的疼爱。

所以说也许你上知天文下知地理，可生活不是商务谈判，因此在另一半面前还是适当把自己的聪明收起来，至少在当下没有哪个男人喜欢争强好胜事事比自己强的女人，因此不妨偶尔在男人面前装傻，成就一下他们的自尊，满足一下他们的虚荣。俗话说强妻多弱夫，做妻子的太聪明，就会养成丈夫的惰性，所以聪明的女人要给男人提供发挥聪明才智的机会，让男人意识到女人需要他，家庭需要他，给他用武之地，这无疑会增加他对你及家庭的责任感。

如此你就明白了，把机会留给男人去发挥的女人并不是真正的愚笨，实际上她才是真聪明，留一些问题给男人解决，这样不仅满足了男人表现自己的虚荣心，能使你过得轻松一些，还会让男人产生怜香惜玉的感觉。有时候女人装一下傻只需花上一点点时间和精力就可以，比如你可以向男人请教一下理论类的知识，比如经济形势政治态势什么的，虽说你并不是特别感兴趣，也可以要求男人提供一些修理电器、搬运重物的无伤大雅的帮助。

总之，水至清则无鱼，人至察则无徒。女性再怎么聪明。家庭生活中，在适当的时候也要笨一点，糊涂一点，留给男人一些出彩的机会，让男人忍不住想要给你宠爱，这样的婚恋生活才会更和谐。

三、放低姿态

放低姿态并不是让你卑躬屈膝，只是在这个女权运动高涨的时代，好多当代女性已经习惯了用高姿态去面对追求者，放低姿态是让习惯高高在上的你回归两性平等的初心，给男性必要的尊重。这样去迎接一场爱，似乎有点不够气势，但是智慧的女人会明白，稍稍放低自己的姿态去给予男性必要尊重才是真爱的正确打开方式。爱情中的女人因为放低姿态成了温柔婉转的女人，以柔克刚才是爱情和婚姻中最大的受益者，即使是高高在上的女王也要适当地放低姿态。维多利亚女王是英国历史上赫赫有名的君主，维多利亚时代是英国历史上最辉煌的时代，在世界范围内，维多利亚女王的名声自然也比她的夫君阿尔伯特高得多。维多利亚女王夫妻两人一向很和睦，当然偶尔也有不愉快的时候。有一次维多利亚女王与丈夫吵了架，丈夫独自回到卧室闭门不出，女王回到卧室时只好敲门，卧房内她的丈夫问是谁，女王维多利亚理直气壮地回答我是女王，阿尔伯特没有开门，女王只得离开了，但转念一想又返回来再去敲门，阿尔伯特又问是谁，女王说我是维多利亚，可里面依然悄然无声；女王愤愤地走开了。可她想了想觉得这样不妥，于是又折回来重新敲门。谁？阿尔伯特公爵依然冷静地问道，这次女王柔声回答道，亲爱的开门，我是你的妻子。结果门开了。

维多利亚女王有至高无上的权力与荣誉，但更有超出常人的修养，她知道怎样融入男人的心，她虽然是万人之上，却懂得适当的时候在丈夫面前也有必要放低姿态，正因为如此她既在外威名赫赫，在内也享受到了丈夫的宠爱、家庭的幸福。家庭不是公司，妻子也不是董事长，一味的刚强，追求对家庭的绝对掌控，迟早要出问题。要成为维多利亚女王这样的妻子并不难，只要偶尔放低自己的姿态，让丈夫感到他在家庭、在你的心里是多么重要，是那么的不可或缺，让他有出彩的机会就行了。但需要注意的是，放低姿态是一种优雅的恋爱婚姻方式，是对女权过于高涨的一种纠偏，但放低也要有一个度，切记过犹不及，一味地唯唯诺诺，让自己在家庭中失去了平等的地位，这样就失去了原本美好的意义，只会让对方肆意妄为，如何把握这个度就看你的智慧了。

四、俘虏他的胃

“上得厅堂，下得厨房”这句老话似乎是不无道理的，连张爱玲也说，通往男人心的路就是胃了。的确，现在男女平等，女性也有自己的工作，不会做饭也没什么不好，餐厅饭店遍地都是，为什么一定要女人为男人做饭？更何况一个女人在厨房里会慢慢熬成黄脸婆，那时还有谁会喜欢呢？不过所谓的过日子，就是免不了一日三餐，只有传说中的仙女才不食人间烟火，我们既然生在凡世间哪有不沾半点的油烟之理呢？现实是大部分家庭男性承担的经济责任更重，在这种情况下，既要马儿跑，还要马儿自己去拔草，家庭分工失衡当然容易起矛盾。另一方面从情感角度出发，试想当爱人忙碌一天回到家的时候，看到厨房中妻子忙碌的身影，闻到满屋子饭菜的香味，哪怕只是一顿简简单单的晚餐，他也会感到你浓浓的爱意，感受到家里的温暖，如此相信他会感觉一切的付出都是值得的。

没有人指望你变成大师级的厨师，也不需要把每道菜都做得精致，只要你喜欢为你爱的人下厨，喜欢在做饭上花心思，哪怕做的饭并不可口，也说明了你疼爱老公，珍惜家庭，那份爱意会从食物里流出，甜到爱人的心里，这种家的感觉会让爱人的心立即被浓浓的温暖包围住。同时自己做饭既营养丰富又卫生安全，做饭给心爱的人吃是一种幸福，吃心爱的人做的饭更是一种幸福。真正的爱情是要你和爱的人一起做饭，一起吃饭，这种家庭的温馨氛围是任何酒店餐厅给予不了的，懂得了男人们的这一渴求，每天在他回来之前为他做好一顿美味可口的饭菜，他一定会深刻体会到平凡生活中蕴含的爱情、把你当作宝贝儿。

有人说不会做饭的女人不是一个完整的女人，这种观点听起来有些武断，但做饭的确是女性最简单的一种爱的表达方式，要知道就连举世闻名、日理万机的铁娘子撒切尔夫人也热衷于下厨。为了更好地安顿男人的胃，温暖男人的心，女性不仅要学会做多种饭菜，最好还能做出自己的风味，有自己的招牌菜，其中能做出婆婆的味道是个绝招。大部分男性会怀念母亲做饭的味道，因为其中有着发自内心的亲情和关爱，为此你不妨虚心向他的母亲请教如何做饭，用做实验的心情慢慢学着做。值得一提的是，即使在厨房里，你最好也先把自己收拾得干干净净，时刻优雅地出入厨房，做一个令人赏心悦目的女人，做一个快乐主妇，这样才能更好地拴住男人的心。

五、浪漫一些吧

有情调的女人知道自己需要的是什么，她们会安排好自己的生活，也会维护好自己生命中重要的东西，懂得情调的女人能更好地爱别人，也能让自己真正快乐起来。女人只有自己快乐了，身边的男人才会快乐。爱情虽然是个很难说清楚的问题，但快乐毫无疑问是爱情中不可缺少的因素。实际上要想获得一份永恒的爱，懂得制造有情调的爱情是很重要的。很多女士认为爱情就是两个人互相喜欢互相帮助建立家庭，生儿育女，现实生活中的确大部分是这样，然而爱情天生是一个向往浪漫的词语，它无时无刻不需要情调来调试，没有情调的爱情将是枯燥乏味的、慢慢流失的。

教你几招经营好你的爱情，你可以经常挑选一些小礼物送给他；你可以选择一家装饰别具一格的餐厅，邀请他外出吃晚饭，这是只属于你们的晚餐时间；你可以偶尔发发小脾气，让爱情充满酸甜苦辣；你可以保持距离，不要总是跟得太紧，有神秘感的爱人更有魅力；你也要学会制造惊喜，这并不是男人的专利。

也许你要问，这几条怎么通篇都是我们女性要做什么，该在哪里退让包容，什么都我们干了，男人们做什么？拜托，我要讲的女性怎样改变自己，经营好自己的家庭，你提高了自己的性商，做好了自己该做的，你的爱人不跟进，那是他该反思的问题。

其实要想真正成为一个有格调的性商高的女人，仅凭我上面所说的几点是完全不够的，不过女士们可以把它当成一种建议，自己逐渐摸索，同时女士们也必须清楚男性喜欢有格调的生活，更喜欢有格调的爱情，因此最重要的是你要成为一个有格调的女人。

直播间见证：

有点害羞呀，以前我总认为在床上太开放显得很不正经，从性商课老师接地气的讲解我明白了在床上太端庄不一定是件好事，适当地放开自己也不是件坏事，也许男人会有那么点喜欢“坏女人”吧，该使坏的时候，就把使坏的本领拿出来，才能镇住场面，活出女人该有的三千面相，哈哈！

今天在直播间听到关于“性商”的内容让耳朵一竖，做女人不仅要上得厅堂，下得厨房，还要会在卧室荡气回肠，我开始思考我婚姻的疲惫大概来自中年夫妻对性的疲惫，我和先生已经没有当初的激情和冲动，决定从今天开始先找回我们的爱！先谈爱再谈孩子再谈生活，谢谢COCO老师的提醒！

——网友“林家女孩”

第六章
财商

你对财可有误解?

如果世界首富比尔·盖茨掉了一美元在地上他会捡吗?你也许会想象他这样的有钱人，平时一定是挥金如土，花天酒地，过着神仙一般的日子。但是，令人惊讶的是，比尔·盖茨生活十分简朴，不穿名牌，没有私人司机，就连外出坐飞机都很少坐头等舱，还爱购买打折商品，显得十分小气。据资料记载，有天下班回家，他在掏车钥匙的时候，一不小心带出来一美元的硬币，一声脆响，这枚硬币滚向了阴沟，他毫不犹豫地蹲下身子去捡这枚硬币，旁边执勤的保安眼疾手快，迅速跑了过来，帮比尔·盖茨捡了起来，递到他的手中。

比尔·盖茨把1美元放进口袋，连声说:“谢谢！谢谢!”接着又从自己的口袋里取出100美元作为酬谢交给了保安。比尔·盖茨这一做法令人百思不解。作为一个商业奇才，他难道不懂得经济学上的利润转化吗，这样做岂不是因小失大，得不偿失？后来，有员工问起这事，他笑着对大家说："别说是我，就是一般人，丢失了区区1美元都懒得弯腰去捡，1美元太少了，它能买到什么？但是，我们不要在乎这个钱的多少，如果我不去捡回这1美元，它就会在这个世界上永远地消失，就失去了它的价值，我给了保安100美元，他可以给孩子买身衣服，所以，钱是用来消费的，而不是浪费的。"这就是财商，让金钱用得有价值。

我奉劝很多女性朋友，在现代社会不要再抱着以为嫁个有钱人就可以少奋斗20年的想法，嫁个有钱人的确就有好的物质生活，可他私下真实的生活又有多少人了解呢？我们生活中会看到不少这样的例子，表面很幸福，可以随意刷卡，挥霍性地采购名牌衣服、包包让我们羡慕嫉妒，可是回到空空的屋子里，她的心才是最凉的。嫁个有钱人不如自己有钱，所以某女星说我不嫁豪门，我自己就是豪门。只有自己努力做个有钱人才是真正的有钱，有钱男人不一定舍得为你花钱，与其要靠别人施舍，倒不如自己自立做一个刷自己卡的独立女性。

尊严来自实力，尤其对于现代女性要想活得有声有色，一定要经济独立，只有这样女人才有自己的天空，才是独立的个体。而现在还有太多女性在抱怨男人的寡情，殊不知一部分原因是因为女性对男性过分依赖，让男人想逃，而且希望逃得越远越好。虽然女性一度被认为是社会的弱势群体，男性也一直把照顾好家庭当作责任，但是女人们也不能因此而让自己不思进取，时间长了就会让自己和社会脱节，自己也会变得毫无魅力。

首先女性自己不能把自己看作弱势群体中的一员，你要从心底认为你和男人是一样的，你跟他们的能力没有什么差别，你自己也可以工作赚钱养家。尤其是那些家庭条件不错的虽然也许你的家庭用不着你外出赚钱，你的丈夫也许完全有能力让你和孩子过得很好，但尽可能不要过分依赖一个男人，如果女人太过于依赖男人，她会逐渐失去自己原有的生活能力，与社会脱节，一旦遭遇变故，将陷于不可自拔的困境。

给你四个理财小贴士

我认为女性理财，仁者见仁，智者见智，千姿百态。在生活中很大一部分女性听到理财就害怕，认为它是很复杂的新学科，其实我们必须突破不懂理财的陈腐观念，我们抱怨不懂这个不懂那个，如果你爱你的孩子和你的家庭，你必须懂得这些事情，说难听一点，一旦家庭出现什么状况，你必须独立抚养孩子该怎么办呢？没有理财的智慧就会让自己陷入困境无法自拔，尽可能了解这些科目，未雨绸缪，不管你用不用得上，这都是你的一种能力，而实际上很多人比自己想象中都聪明，你是完全可以学会的。

一、计划储蓄。家庭成员领取月薪后，留出当月必需的生活费用和开支，将多余的钱按照用途选择适当的储蓄品种存入银行，这样可以减少许多随意性的开支。

二、夫妻AA制。你也许会想，什么？夫妻之间AA制，还是不是一家人了！我们中国人有很多家庭就是因为这种传统的感性大过于理性的态度，所以在婚姻当中因为财产造成了很多的纠纷，可以有两种形式：第一种是夫妻每月各交一部分钱，作为家庭公款支付房贷、水电费等各种共同家庭支出，其余个人支出各自管理；第二种只在房贷和投资等大笔上平均分担，对于现代人来说夫妻收入有高有低，属于个人自主性的开支越来越大，因此AA制的理财方式日渐被一些家庭所接受，这种方式能发挥个人特长，分散家庭投资风险，同时夫妻双方财务独立自主也有助于减少矛盾。

在我的直播间里曾有一位姐妹和我连线，跟我和听众朋友们诉说她的烦恼，她和丈夫结婚多年，但是最近才发现丈夫背着她把他们共同的房子拿去抵押，现在在外面欠了近200万的外债。她本来以为自己正在过着小康生活，没想到眼前的房子存款所有一切不仅已经抵押给别人，甚至还欠了很多钱，她崩溃了，可是为了女儿有个完整的家庭，她又不想离婚，但这样的生活让她不幸福，她问我们该怎么办。

你看这就是典型的财务问题，最后我和她分享了我的故事，当时我前夫拥有的股票价值从2000万跌到了200万，那时我还怀着第3胎，本来我们准备用这笔钱去全款买一套2700万的房子，现在不仅房子不能买，所有一切几乎都已经赔光了，但那时我的信念是：没关系，只要人在就好，只要人还平安就好，钱可以再赚，但人是独一无二的。

三、在家庭进行开支购物前先列一个清单。有些女性缺乏计划，到市场或是百货公司购物时看到好玩有趣的新东西，都会不自觉地往购物篮里放，而生活当中真正会用到的、本来需要的，其实只占一小部分，所以要想把这个问题解决掉，节省开支，就需要列一张购物清单。这不但可以避免购买东西，还可以避免买到不必要的东西。

四、调整消费习惯。千万不要被信用卡、支付宝上面的花呗和一些先借后还的账户平台给绑住。很多人想要买一些自己当前支付不起的物品。于是进行借贷，分期付款，我个人不是太支持这类行为。

如何看待男人的私房钱

很多女人非常在意结婚后的财政大权，让男人把钱全部上交。甚至认为他把钱都给我才是爱我的，这成了女人保卫婚姻心理的金科玉律，可是看紧了钱袋真的能换来幸福和安全感吗？事实上很多已婚男人经受不起从单身贵族到每月如数上交老婆的状况，心理不平衡，产生抱怨不满，因此发生了不少围城内的战争。

我有个朋友猫猫，父母小时候就告诉她我们家里穷，所以钱非常重要，这导致她一直都把钱看得很重。结婚之后更是非常严格地控制自己老公的财务花销，最严重一次，我听说她老公仅仅只有100块钱零用。需要买东西之类的，还要现场打电话来给猫猫，而猫猫也会严加盘问是要买什么用什么，价格是否合适。这样的精打细算在我一个女人看来都觉得简直是地狱。

每个人在社会工作中都难免会有应酬，需要聚餐唱歌，需要孝顺父母之类，可是这些在猫猫的老公身上全部都没有。哪里有剥削哪里就会有反抗，现实生活中男人有自己的工作兴趣、人际关系需要维持，如果女人太精明的经济管制，把他钱袋看得太紧，令他囊中羞涩到出门打车钱都没有，朋友AA制的餐费拿不出来，这样一来他自然会万分尴尬，在社会上寸步难行。心生抱怨和不满，从而逃避你，甚至远离你就是不可避免的了。也有些男人偏偏不肯放下大老爷们的架子，为了在朋友面前够义气，在父母面前够孝顺，在儿女面前够慷慨，于是只好偷偷地存私房钱，但如果夫妻二人时时提防，那么何来家庭之乐呢？男人最终会被你的行为累得半死不活，不像个大丈夫。

说到底，其实女人的幸福并不在于掌握财政大权与否，而是要掌握男人的心，别忘了大多数男人的尊严对他们来说比生命还重要。家里留个大头，给男人拥有支配家庭财政的权利，满足他一家之主的愿望，他不用谨小慎微地藏着私房钱，有什么开销大概说一下就可以了。也让他们在外能够体面做人，这很好地维护了男人的自尊心，其实也是培养他们责任感的过程。

人和人皆是不同的个体，没有谁管谁之说，而且就算管住了钱，你未必管得住男人的心。想让男人不变心一方面要多给他自由，多包容；一方面要爱自己，在自己身上多花工夫，做一个内外兼修的女人。总之，男人的钱袋不必太在乎，也无须管得太紧，反而落得清闲自在，更满足了他的自尊心，对于这样的女人，男人更多的是从心底感激，又怎么会舍得离开你呢？这就叫作大智若愚，欲擒故纵。

和女首富学财商

热播电视剧《那年花开月正圆》，把一个女人的财商演绎得淋漓尽致。孙俪扮演的周莹从闺房妇人成长为陕西一代首富，在男人主导的商业圈里几度浮沉，不仅使吴家的商业帝国免于危难，还将夫家的产业扩展到全世界。据说清末签订《辛丑条约》后，她拿出存款补贴国家，被慈禧收为义女，受封“一品诰命夫人”，被当地人誉为“商圣”。

周莹的历史原型正是清末出身民间的陕西女首富，17岁嫁入吴家，女儿不到1岁即夭折，结婚3年丈夫吴聘去世，她凭借逆天的财商将吴家打造成一个庞大的商业帝国。这部戏我看到中间的时候，周莹的经商之道所展现的财商，就一直在我脑海里盘旋。周莹在当大管家的时候，从商中为人处事的方式，我看到了查理·芒格、巴菲特等的价值投资智慧、索罗斯ALL IN的赌徒心态、彼得·德罗克的经营管理方法，这完全就是一堂实践版的MBA大课，处处彰显她的财商。她还非常善于洞察人情世故，简直就是卡耐基那本《人性的弱点》的商业实践版。由于我平时对管理、投资、心理、人性和自我成长类的书籍看得比较多，所以对剧里周莹所使用的一些手段和方法会比较敏感。我们就来细数下“娘娘”在剧中的经营之道。

她思想超前，胆大心细。初入吴家东院，吴聘就被这个古灵精怪的小丫头深深吸引了，她虽然没有倾国倾城之貌，但多年行走江湖的历练，让周莹经常产生一些稀奇大胆的想法。她随口说出的想法能够一语惊醒梦中人，给吴聘许多生意上的启迪，同时也得到了大当家吴蔚文的赏识，顺利进入学徒房，还允许她参加六椽厅晨会。在那个封建保守的社会，深闺妇人是大户人家精美的花瓶，女人抛头露面在世人眼里是伤风败俗之事。周莹不以为然，她的梦想不仅是学做生意当掌柜，还想把吴家的货品推向世界各地，最后也证明了格局成就未来。我认为像周莹这样思想超前、大胆自信的女人才有可能在腐朽的年代创造商业奇迹。

她置之死地而后生。当周莹对罂粟花深恶痛绝，一把烧毁吴家的全部家当、一贫如洗的时候，她瞄准了棉花生意。在她处于绝境的时候，她没有放弃，而是继续寻找商机和机会。她知道做生意是有大小年的，既然去年的棉花生意很差、价格很低，那今年就算再差，也不会差到哪里去。所以如果她要一家独大，坐地起价的话，那她就需要掌握市场上绝大多数的棉花，所以她提前和棉花生产商预定好他们今年所有的量，并提前交了定金。果然，在沈家跟平常一样的时节去订购棉花的时候，颗粒无收。而周莹可以和来采购棉花的大客商坐地起价，得到自己预想的利润，而无须被无条件地压价，处于劣势地位。这算是周莹的第一桶金。我们以为的困境只是当时的最坏情况，如果停滞不前，那就变成了我们的最坏处境，而如果不放弃的话，机会总是有的。

她拥有逆向思维。棉花生意成功后，周莹并不仅仅满足于只做棉花生意，只赚这部分利润。她把眼光放得更长远，看到这个生意链上的上游，那个收购棉花商人的生意经。查理·芒格非常倡导逆向思维，反过来想，凡事反过来想想。我们倒卖棉花可以赚几万，而那个棉花商把棉花生产成布后，却可以有十几倍的利润，为什么我们不去做呢？然而如果自己生产布，而且要大批量生产的话，势必需要很多的银子。然后，大家知道的，她又开始挖空小心思，让二叔和四叔支持她的想法，大刀阔斧地开干。

这第二件事，周莹占优的一点是，她过往的投资记录非常好，所以人们对她的信任和她的财商在慢慢地积累和显现。在创业中，一开始我们肯定是从一个很小的入口切入，例如贝索斯的亚马逊网上书店，可后面呢，如果我们仅仅只是固守自己的这块一亩三分地的话，会不会很容易成为一个井底之蛙，而被其他后来者复制并且超越呢？永远都要多想一步，用居安思危的心态去创业，慢慢建立起自己的生态圈。亚马逊，从网上书店，慢慢延伸出了Kindle阅读器，亚马逊Prima会员制，亚马逊AWS云服务，“蓝色起源”空间探索公司等，一个强大的商业帝国慢慢建立了起来。

她会灵活变通，在夹缝里求生。吴蔚文入狱后，吴家东院是真正没落了，周莹想重振大业却遇上了最艰难的问题——缺乏资金。为了筹到做生意的本金，她很会灵活配置资产，比如采购棉花先付定金后补款，向手下的掌柜、伙计公开募股，她甚至偷过婆婆的“棺材本”，气得吴夫人一纸状书告儿媳，周莹为此还挨了几大板子，惹得吴夫人又生气又心疼。我认为投资理财的方法要灵活多变，不把鸡蛋放在同一个篮子里，并且尝试不同种类的投资产品，互联网金融是个极其适合现代女性的投资方式，优点是操作简单、方便灵活，并且收益非常可观。

她会放宽眼界地域限制。当周莹整个团队那么多的土布好不容易都生产出来了，可为什么就没有人来买呢？我们可是价格优惠，颜色鲜艳，质量上乘。当周莹为这个问题苦恼的时候，古月洋布的门庭若市与他们形成了鲜明的对比。要解决自己的困境，最直接的方法就是去做竞争对手分析，取其精华，去其糟粕。当周莹发现土布全面被洋布打败后，她没有陷入无限的苦恼和悲伤中，而是积极寻求出路。她按照洋布的扩散时间和范围做了分析，既然土布在此地没有出入，那更远的落后之地呢，那里比我们落后很多，消息也闭塞很多，或许我们的土布在那里会有不错的销路呢？

她不局限于产品，更不局限于地域的界限。冒险踏上征程，去遥远的落后之地去寻找商机和合作伙伴。这像不像很多大外企的做法，十年前的大西北计划；像不像很多大公司的二、三线城市的营销布局和商业策略；既然一线城市已经饱和，为何不考虑市场更大、更有前景的相对落后的地方呢？她不仅有谋，还有勇。有时候我们需要跳出固有的思维模式，尝试水平思维的方式，去解决我们面临的困境。

她会及时止损，过往不恋。尽管土布有了不错的出入，可是周莹很清楚洋布是未来。所以她完全没有沉浸在喜悦中，冲昏了头，而是及时调整了经营方向，大力推动生产洋布的机器制造的想法。她把之前所有赚到的钱都投入到机器制造中去。而在第一次的投资全部被打水漂后，她还是没有放弃。她想到了通过让家里的小厮、丫鬟、掌柜等入股和抵押的方式，来凑足银两，而这也呈现了指数级的正向影响。就像现在的很多高潜力创业公司，当员工本身就是股东的时候，工作的态度和动力完全就改变了，所以“员工的内驱力”这个话题是所有公司的管理者需要去思考的问题。

如果这件事情，我坚信它会成功，它是正确的，那我就要不顾一切代价去做。哪怕让我一无所有，负债累累。我在周莹身上看到了这样的决断力和魄力。巴菲特和芒格，当他们发现一只远远被低估的股票时，他们会调动所有的资源，尽可能多地买进那家公司的股票，并长期持有。当索罗斯发现一次千载难逢的机会时，他会ALL IN，举债抓住它。

她会看未来。周莹和王世均在上海，就生丝这笔生意是否划算的一段对话，让人印象深刻。的确，我们不生产生丝；的确，第一年，从湖北采购生丝，我们会亏损很多，可是如果合作十年呢？假设以后每年我们赚一万两，后九年，我们的所赚，除了平复损失外，还有赚吗？而最重要的是，通过与这个外商的成功合作，周莹又和另外几个有实力的外商搭上了线，促成了生意合作。这是周莹教给我们的，做选择的时候，我们到底是只看眼前的利益，还是看更长远的未来，以及它所带来的连锁正向反应，也可以说是“复利”。

她是收买人心的一把好手。对待绑架她、勒索她并可能最终撕票的韩三春，她没有以牙还牙，而是提供了一个非常诱人的交换条件，帮助其改邪归正，走上正道，并心甘情愿为她卖命。对待那些摧毁机器制造局，使其所有投入都付之东流的工人，她不但没有严惩他们，还给他们提供了一个更好的工作机会、更丰厚的薪酬。这些工人也表达了感激之情，并忠贞不贰地努力工作。对于生意场上的伙伴，她始终把“诚信”两字放在首位。说好的价格和让利措施，无论生意环境如何变化，承诺就是承诺；说好的上乘生丝，就绝不能把不合格的生丝卖给上家，就算自己倒贴钱，也能信守承诺。这为她争取来了洋人的信任和未来十年的订单。

演讲是赚钱的加速器

而我最欣赏周莹的是她的豪气。在一次他们的庆功宴上，周莹站在桌子上面，拿起斟满酒的大碗说：“今天大伙高兴，我敬大家三杯酒，这第一杯酒，敬天地敬祖先，感谢他们让我们生活在这片土地上，感谢祖先给我们吃苦耐劳的性格，让我们可以创造今天这一切！这第二杯酒我要敬老爹老娘们，我自幼离家打拼，无福孝顺父母，而在座各位朋友跟我一起奔走，家中都是老爹老娘在照料，今天我给在座所有人的老爹老娘磕个头。谢谢你们！”在准备敬第三杯酒的时候，她对下人说：“第三杯酒我要敬我的兄弟，跟兄弟们喝酒怎么能用碗呢？换！”于是她拿了一个坛子说：“我周莹敬在座各位商铺的股东们，我用人不疑，疑人不用，你们的利益就是我的利益！你们也是我的兄弟，对兄弟我要说我们有福同享，有难同当，你们的事就是我的事！”用现在的话来说，周莹的这一举动凝聚了所有团队核心骨干的人心，把大家紧紧地团结在一起！现场斗士们的声音此起彼伏：“少奶奶，以后我就是你的家人，为你鞍前马后！”“明年一定继续加油干，赚更多的钱！”

女士们，在经营事业中你学会演讲了吗？卡耐基先生说：“一个人的成功85%靠他的人际沟通和演说能力，只有15%靠他的专业技能。”我们在很多时候、很多场合，都需要表达自己的观点。在表达的过程中有的人思路清晰，有的人却语无伦次；有的人表达意见言简意赅，有的人啰里啰唆，让人听起来云里雾里。当今社会是一个魅力展现、开放高调的时代，这也是一个激烈竞争的时代！商场如战场，一流的口才将是您驰骋商场的制胜法宝。“一人之辩重于九鼎之宝，三寸之舌强于百万之师。”

马云是大家再熟悉不过的企业家了，当初在创办阿里巴巴时，马云跟孙正义聊了6分钟，孙正义就给了他2000万美元的投资，使阿里巴巴彻底活了。6分钟的谈话获得2000万美元的投资，马云的吸金能力可谓无人能敌。他的这种吸金能力最直接的就是源自他高超的演讲力和说服力。

对于奋斗事业的人来说，演讲力显得尤为重要。我自己就是演讲的受益者，日复一日的练习，突破自己大胆开口，让我越来越站上更大的舞台，累积更多的粉丝和财富，如你所见，现在我们每天相约在直播间，我也是在做演讲。这是一种最有效的扩大自己影响力、获得更多拥护者的方法。几乎所有的职场成功人士都是成功的演说家。著名股神巴菲特，不止一次谈及，年轻时他不擅长公众演讲，后来他不断跟随老师学习训练自己，提高自己的演讲能力，这让他终生受用。

英国首相丘吉尔在二战时期振奋人心的演讲使英国重整旗鼓，这次演讲效果太过于强大，直接改变了世界格局；英国国王乔治六世，也就是现在伊丽莎白女王的父亲，因为口吃不敢演讲，经过多年训练，在英国战争时期终于突破所有心理障碍，第一次面对全国讲话，振奋全国人心！这两个故事在奥斯卡影片《至暗时刻》《国王的演讲》中表现得淋漓尽致，推荐大家去看。丘吉尔曾说：“一个人可以面对多少人，就代表这个人的人生成就有多大！”还有马丁·路德·金先生，如果你不知道这个名字，你也一定听过一句话“我有一个梦想”，这是他演讲的主题和第一句话，这句话在全世界引起多少共鸣，带来多少希望和人道主义的改变。

搞事业，第一要胆识，第二要口才；管员工，第一要智慧，第二要口才；谈业务，第一要人脉，第二要口才。你的声音传播多远，你的舞台就有多大，你的思想能够影响多少人，你的事业就有多宽广……中国历史的长河中，诸葛亮、苏秦、张仪等都是演讲、沟通和说服人的高手。他们公众演讲表达思想观念的力量一直影响着今天人们的生活和工作。

既然演讲力这么重要，那你会说话吗？判定自己会不会说话，应该看看以下三条，要让自己明白，离会说话的差距究竟有多远：首先，说话要观点鲜明，内容具有鼓动性。说话观点鲜明，显示你对一种理性认识的肯定，显示着你对客观事物见解的透辟程度，能给别人以可信性和可靠感。其次，说话的结构要清楚，做到层次简明。一般说话主要是供人听的，传递的是一种信息，要让听的人有思考的余地，在层次结构上要清楚简明；在内容上倒是可以跌宕起伏，曲折多变。最后，说话的语言要流畅，做到深刻风趣。要把自己在头脑里构思的一切都表达出来，让人们看得见，听得到，就必须借助语言这个交流思想的工具。所以一定要口语化，而且要通俗易懂，生动感人。

貌美如花还要赚钱养家

当今时代要求女性貌美如花，同时赚钱也不能落下，还要学习做打理财富的专家。如果你从未思考过这件事，不妨和我一起探讨一下。

首先，你要有正确的理财观念。要理性当家：不少女性钟情购物，之前刷卡刷到手软，近年网络买到爆屏。最后发现，衣柜爆了，很多标签都没剪，工资才发信用卡早已透支。另外，也要适当摈弃保守：据调查，女性最常使用的投资工具是银行理财和储蓄。这样的投资习性可以看出女性注重资金的安全，不过通货膨胀却可以随时将你的低收益和利息吃掉。还要给自己建立信心：女性大多对数字分析缺乏兴趣，对理财心存恐惧。其实有耐心的女人只要肯多花一些心思，建立在理财上的信心，你会表现得比男人更好。最后一定要谨防骗局：近年来金融传销、资金盘、××币，上当的女性居多。主要是因为女性比较感性，容易信任他人。所以很多女性从过于保守的极端，一下走到了被人当韭菜的另一极端。

其次，寻找你的“钱”途。你首先要订立理财目标，我的朋友花花算过一笔账，如果一个女生拿10万元做本金，每个月继续投资三千，持续投资30年，如果能保证年化收益10%，30年后本金加收益就可达766万。所以，目标财富金额要锁定，目标年化收益不需要太高，贵在稳定、持续。还要适时循序渐进、不懂不投。花花是三年前开始自己打理固定资产以外的现金。这些现金分布在货币基金、保险、混合型基金、互联网金融平台、黄金、银行理财、股票（老爸操作）七大渠道。每进入一个理财渠道，花花都会提前研究一到两周，从最安全的渠道开始，慢慢开始配置风险投资。去年一年下来，年化收益在13%左右。

最后，要控制好风险。巴菲特说过，创造财富的三大秘诀是“保住本金、保住本金、保住本金”。女性把控风险，主要从三个方面注意：降低欲望控制消费、不要轻信营销和购买保险。

理财可以是一门生存的技巧，但对女性也有可能是一种新的人生态度。聪明的女人，经营但不迷恋婚姻，努力但不迷信事业。女人不能永远依靠老公，也不可能工作一辈子，所以总要为自己找条出路，找到一种获得真正财务上自由的方式，找到掌握自己命运的钥匙。理财，不是你可以选择的唯一出路，但是它绝对是你可以掌控的一种方式。

徐志摩的她和她

民国时期才子佳人们的爱情故事一直为人们所津津乐道，徐志摩、林徽因、梁思成、陆小曼等这些才子才女，不仅有才情，更是追求自由与爱情的代名词。其中徐志摩生命中两个重要的女人，在财商上的高低不同决定了她们不同的人生走向。

徐志摩在刚刚成年时，父母给他安排了一桩包办婚姻，他的妻子叫张幼仪。之后他爱上了陆小曼，而陆小曼此时已有夫君，她的夫君是王庚，从清华毕业又在西点军校进修过，还曾代表中国去罗马开国际军事会议，在众多国际重要人物中，他还不到30岁，可谓顶级青年精英，真正的金龟婿。那时家里只要有女儿的都会上门提这门亲事，最终王庚与陆小曼结了婚，陆小曼也是民国时期鼎鼎有名的大才女，写文章和画画都了不得，同时还是北洋政府的翻译官，名气非常大。陆小曼和徐志摩的地下恋情曝光之后，王庚非常潇洒地主动离开去为国家打仗，不愿掺和这样的小情小爱。于是徐志摩和陆小曼两个人开始了同居生活。

陆小曼从小锦衣玉食，家里婆子丫鬟一大堆，她的手是只用来写字和摸新衣服的。两个人在一起以后，由于双方家庭的反感，中断了他们两个人的经济来源，不得已徐志摩只能靠当教书先生和给报社写文字赚取生活费，他和陆小曼爱得如火如茶。陆小曼在家里依旧雇用着好几位丫鬟侍奉自己，家里丫鬟穿的衣裳，甚至比普通人家小姐穿得还要好。即使这样，徐志摩仍然对她爱得深，认为这才是浪漫理想化的生活，在他们的书信当中，徐志摩还写道："亲爱的曼曼，你快把摩摩的口袋掏空了呀！"呀呀，真叫人牙酸！陆小曼一个月要花550个大洋，换算到现在，一个月生活费在4万到5万块人民币。

陆小曼从来不储蓄，也不想以后的生活计划，今朝有酒今朝醉，她只要当下快乐。最后徐志摩的去世和这种高额消费也有一定关联，徐志摩要去听林徽因的一场演讲，由于他要省钱给陆小曼花费，所以他没买客机票，选择坐快递信件的邮政小飞机，结果飞机失事，一代才子就这样陨落了。陆小曼刚接到消息的时候还不敢相信，仍然在家里花天酒地，最后还是徐志摩的前妻张幼仪妥善料理了所有的事情，并替徐志摩父母送终。

新中国成立后，陆小曼和另一个男人生活在一起，那人不是什么徐志摩般的文人，当然也不似王庚那般的青年才俊，他甚至只是个有点油嘴滑舌的市井小民。据说陆小曼在晚年时期住在上海一栋非常简陋的巷弄里面，家里没有一件值钱的东西，那时她60多岁仍然写得一手好字，画得一手好画。有一位作家曾经在他的文章里面描述他小时候去和陆小曼老师学习画画的往事，那时陆小曼最后那位男人就躺在屋里的炕上，家里都快揭不开锅了，他还大言不惭地回忆以前在民国时期他认识的那些大人物。陆小曼一句话都不说，就安静地教着学生读书写字，她不再抽烟喝酒，当然也没有新衣服穿，过了几天那男人去世，陆小曼正在教学生画画，只淡淡地说："没事，不用管，咱继续……"再后来，陆小曼在平淡无奇当中离开了人世，没有留下子女也没有任何财产，甚至她的离开都没有人知道。

而徐志摩的前妻张幼仪，成了中国近代史上第一位女银行家。当初，身怀六甲的张幼仪试图挽留徐志摩，却只得到他绝情的回复。她立刻在离婚协议书上签了字："给你自由，让你去找更好的太太吧。"她说，她从此一无所惧。她被上海女子商业银行聘请，凭借敏感的天赋和专业的态度，将这家银行扭亏为盈。她经营云裳服装公司，引入欧洲新潮时装，让上海名媛蜂拥抢购；她囤积军服染料，抗战期间高价卖出，捞金能力一流。值得一提的是，张幼仪恪守信誉，擅长管理，女子商业银行直到1955年金融业公私合营才宣告结束，共开办了31年，见证了她过人的眼界与智慧。这位财商颇高的女银行家，也将非凡的处事格局带到日常生活中。徐志摩飞机失事，噩耗传来，张幼仪果断处理后事。彼时遗孀陆小曼贫病交加，由她每月寄钱资助。

台湾版的《徐志摩全集》，在她的策划下得以出版发行，她终生厚待徐家二老，以干女儿的身份为其送终。失败的婚姻并没有将张幼仪击垮，高财商练就了她冷静自持的态度，让她放下执念，得到解脱，也成全了自己。她抓得住投资良机，也能淡定面对人生起伏。时至今日，她仍得到世人的尊敬。女士们，你想活成哪种女人？

经济学里有个词语：沉没成本，它指的是已经发生的、不可收回的支出，如时间、金钱、精力等。经济学家斯帝格利茨是这么看待它的："如果一项支出已经付出，不管如何选择都无法收回，一个理性的人就会忽略它。"因为，如果总是纠结于过去已经做出的选择，就很难在未来做出正确的选择。

不管选择股票，还是选择爱情或婚姻，高财商的女人都很清楚自己面临的机会和风险，也知道自己承受风险的底线在哪里。所以，当她们发现自己选择错误，会在事情尚未恶化之前及时止损，果断离场。台湾明星贾静雯，也是高财商女性的代表。她自知自己没有投资天赋，便由理财团队对她的家庭资产进行配置，自己只做监管。

除此之外，贾静雯还是一位低调的天使投资人，她参与好友的抗癌药科研项目。在投资上，她的态度是谨慎的，她懂得把专业的事情交给专业的人，把风险控制摆在首位。面对婚姻，她及时止损的勇气同样令人嘉许。曾经错嫁豪门，前夫在她孕期出轨、家暴，她毅然选择对簿公堂，止损婚姻。不惜因此赔上2600万元，贾静雯只为赢回自己和女儿的下半生。生活遭遇巨变，她不改坚强本色，一边努力工作，一边陪伴女儿。

有句话说得好，那些杀不死你的，只会使你更强大。40岁那一年，贾静雯遇到了把她宠上天的修杰楷，如今，一家五口生活甜蜜。所以，在近期的综艺节目里，美得冒泡的她还能甜甜地说："我虽然嫁错过人，但我现在仍是人生赢家。"与其说她是人生赢家，不如说她是果敢的勇士。

从“东北第一夫人”到“东方女股神”

在美国华尔街，曾经有一个“东方女股神”的传说。她眼光犀利，预测能力出神入化……而在此前的30多年，她是中国“东北第一夫人”……93岁的人生中，她孤身在海外50年，当她长眠于洛杉矶后，张学良在她墓前潸然泪下，喃喃低语：此生无憾事，唯负一人心……她便是张学良的原配——于凤至。

1897年6月7日，吉林富商于文斗喜得一女。于文斗请算命先生为新生的女儿合生辰八字，算命先生说这个女孩是凤命。这个女孩就是于凤至。开明的父亲让女儿读书识字。凤至5岁入私塾，7岁能填词作对。1911年，14岁的于凤至跟私塾先生到草原游玩。于凤至写一首《国门东》:“日暖风清，塞外景明，古城西绿草伴红花。苍茫大草原，野果流汁，莺啭蛙鸣。先生弟子相伴，踏晨露，扑晓风……”先生大为赞赏。于凤至也说自己是“汉之文姬，宋之清照，怕是男儿也比不上呢”。“腹有才华气自端”，如此出众的女孩，自然引人注目。于文斗的生死之交张作霖，就格外喜欢于凤至。不仅仅因为于凤至的聪颖端庄、知书达礼，也因为于凤至的“凤命”——他家的“虎子”张学良当配“凤女”于凤至！张作霖很是满意，何况这女孩儿人又美，又知书达理。爱新觉罗·溥杰见了她，曾经惊叹：容貌如雨后清荷。可见于凤至外表清丽。

于凤至的老爸于文斗的财富在吉林也是数一数二的。1915年，15岁的张学良从奉天来到吉林郑家屯拜岳父，也就是相亲，于文斗出手就送了两座银行给他。1916年，张、于两家在郑家屯举行婚礼。张学良15岁，于凤至18岁。于凤至比张学良大3岁，在那个时代，这也是个吉利的数字。嫁入张府，于凤至要面对的，不仅仅是丈夫，还要面对府中的无尽关系。年轻的于凤至，对长辈毕恭毕敬、用心侍奉，对下人不摆架子；做事有板有眼，人们有事多愿意与她商量，张作霖对她赞赏有加。她经常随张学良出席各种活动，面对各国使节，可谓落落大方。1928年，张作霖皇姑屯遇难，帅府乱成一团，当时的形势不允许对外公布张作霖的死讯。于凤至犹如定心丸，稳住了整个帅府，并巧妙地与来大帅府打探消息的各色人等周旋。“贤妻啊，大姐!”张学良称她为“贤妻”，而这一声“大姐”，道出了张学良对于凤至的敬重，但也道出了张学良对于凤至只有亲情没有爱情，还预示着于凤至一生如“大姐”一般照顾着张学良。

1926年，张学良25岁。25岁，是该用一场恋爱来成全自己的年龄了，不管建功立业还是穷困潦倒。这时，张学良是京榆地区卫戍总司令。常跟北洋政府的达官贵人出入天津的交际场。在天津，他结识了16岁的女中学生赵一荻，赵四小姐。这女孩还是一张白纸，疯狂地爱上了张学良将军，这让他心中燃起了不一样的火花。赵一荻与家人不告而别，毅然追随自己心目中认定的他来到奉天（沈阳)。张学良将心头所爱安顿在外宅。不久，他俩爱的结晶来到人间。于凤至知道后答应了让她进府一起生活，提出三个要求：一、永不能用“夫人”名义；二、对外只能宣称是张的秘书；三、对内也只能被称为侍从小姐。这是最体面的方式，对三个人都是。于凤至听说赵四生产后身体状况极差，非常心疼，家里鲫鱼汤、小米粥、高级奶粉和婴儿服从没断过。1936年12月12日，张学良、杨虎城在西安发动兵谏，逼迫蒋介石抗日，“西安事变”爆发。最终蒋介石接受“停止内战，联共抗日”的主张和平解决，但后来蒋扣押了张学良。当时于凤至正在英国安排子女就学。西安事变起，即发电报给少帅，劝他冷静妥善为上；得知张学良被关押，立即赶回国。“汉卿身陷囚禁，受的打击太大，需要我的支持、劝解、安慰，帮他渡过这一关……”

万里奔赴，只为共患难。张学良的关押地，从浙江奉化，到安徽黄山，再到江西萍乡，又到湖南郴州、沅陵，1939年，到了贵州修文市……不仅是多省驱车不久留、故人行程路漫漫的奔波，更多的是心理的折磨。军队、警察、宪兵层层戒守，吃饭有人同桌，日夜有人监听。张学良常常流泪吟着“生命诚可贵，爱情价更高。若为自由故，二者皆可抛”，表示想要结束生命，控诉蒋介石的不守诺言。于凤至劝张学良：“你对东北军、西北军都有责任，对儿女也有责任，不能逃避，军人应该战死沙场，斗争到底，才能对得起所有人！”于凤至少女时期就有“怕是连男儿也比不上”的胸怀和气度，在这段颠沛流离的岁月中，是张学良踏实的倚靠。1940年，于凤至感觉乳房不适，被确诊是乳腺癌。以当时国内的医疗条件，这无异于被判了死刑，明智的做法便是到美国就医，走，还是不走？这是一个问题。走，肯定放心不下；不走，病魔无情，倘若于凤至有不测，也许少帅也会失去支柱……少帅劝她走，希望她出去，治病、康复，并把“西安事变”的真相告诉世人。还许诺，在任何情况下绝不轻生。于凤至终归放心不下少帅的起居生活，她知道：只有一个真心爱张学良的人，才能陪伴他走过这样艰苦的岁月。临走前她亲自写信给赵一荻，请求她代替自己照顾张学良。她总想把他的一切都安排周全……她在宋美龄的帮助下入住的是著名的教会医院，主治大夫是著名的肿瘤专家温斯顿·比尔。她的病已经很严重，但是为了保持身材，采用了保守疗法，一年时间动了三次手术，虽然受了许多罪，到底顺利切除肿瘤，保持了完美身材。她是有幻想的，要回家，和张学良在一起，无论他和赵四的爱情有多么轰动，也改变不了她是原配妻子的事实。何况，她并不是一无是处的旧式女子，她什么都有，最起码，她有耐心，在这婚姻的长河中，保持优雅，并且用她独有的“伟大”，赢得张学良的心。所以，必须保持身材，保持身体完整。

谁知道天意弄人，休养中，癌细胞又开始转移，比尔大夫再次提出摘除整个乳房的治疗方案。于凤至坚持，这份对身体完整的坚持，也是对情感的坚持，她不愿也不敢以残缺的身体面对爱情面对爱人，她根本没有把握。每一个坚强的女人，在爱情里都是脆弱的，不堪一击的。肯尼迪夫妇也十分重视她，肯尼迪夫人亲自劝说她放弃乳房，保留生命。僵持几个月后，于凤至终妥协，无奈地，决绝地，接受了乳房切除手术。手术之后，是化疗，身体的疼痛和不适难掩心里的失落。那个时期，美丽的于凤至头发几乎掉光了，吃不下饭，整个身体瘦得像一片叶子。无数个疼痛的午夜，她在渴望见那个人一面，他能陪她一天，一小时也好啊。只是，他在国内的日子身不由己，所有的思念，都化成了对他的担心。那一段日子，是煎熬，是炼狱，是一个孤独在异乡治病的女人无法直视的暗夜。好在，她熬过来了，失去了一个乳房，保留了生命。只要有生命在，就可以继续爱，可以继续博弈。

张学良身无自由，她没有经济来源，治病之后，差点身无分文。于凤至咬紧牙关，开始琢磨赚钱之道，当时于凤至只靠张学良昔日私人顾问英国人伊雅格给她的一笔款项维持生活，这是张学良托他买军火的一点余款。于凤至和孩子们吃得都很简单，没吃过一顿大餐。因此当朋友莉娜开始炒股时她也跟着做。她带着500美元走进华尔街股票交易大厅，第二天就变成了800美元。于凤至很有做生意的天分，凭着血液中的自信、凭着东北大学文法科的知识底蕴，凭着出生于商人家庭与生俱来的高财商，她很快就吃透了规则，熟悉了股市的操作流程，几天后就开始独立上手，她买的股票很特别，都是停滞不前的呆股，因为于凤至信奉物极必反的理念，屡屡得手，她的预测能力出神入化，很多人玩股票都输得倾家荡产，而于凤至却赚得盆满钵满，最终成为洛杉矶华人圈有名的富婆，被誉为“东方的女股神”。炒股的同时，她开始买周边的房产出租，在纽约几年间就赚得一笔可供一家人衣食无忧的财富。

在美国，于凤至仍心系着张学良，她不断找议员、律师、侨领，请他们相助要求蒋介石释放张学良。为张学良争取恢复自由，是于凤至孤身一人在异国他乡奋斗的动力。没想到她等来了一纸休书，离婚协议递到67岁的于凤至眼前，她羞愤难当，苦苦等待，盼望了24年，等成了老太婆，辛苦奔波，却只换来这一纸休书？那是1964年7月4日，正值美国国庆，举国欢腾，神色悲伤的于凤至颤抖着双手拨通了远在台湾张学良的电话。此时，她只想要亲耳听听丈夫的说辞。“你自己决定吧，怎么样都由你选择，我依然每天都在哼唱《四郎探母》，以后不管发生什么事，我们还是我们。”张听上去，似乎也很为难。能怎么办呢？这是台湾方面的逼迫，谁都清楚。“我们还是我们。”她的心彻底软化，为了这份“我们”的执念，为了张学良她死都愿意，又何惧一纸休书？她随即洒脱地签了字，从此成全了那个当初跪倒在地苦苦相求并发誓此生永不求名分的16岁的小女孩——赵四小姐。

1973年，于凤至买下一片荒地。3年后，一个富商看上了这块地，打算作为高尔夫球场去开发。于凤至赚了五六倍的差价，这不过是她若干次成功房产交易中的一次。女儿张闾瑛有次问于凤至，为什么现在还炒股？于凤至说了六个字：“为了你的爸爸！”她说，如果有一天他真的自由了，我想台湾不是他的归宿，到时他会到美国来。她特意在好莱坞山上购置两处别墅：一处是英格丽·褒曼曾经钟爱的林泉别墅；另一处是伊丽莎白·泰勒的故居。并按照以往北京顺承王府家里的居住式样精心装饰，自己住一处，另一处留给张学良和赵四。她盼望着她还能够做他们的邻居，并一起安度晚年。她在商海打拼，最终的目的，还是为了少帅重获自由后能生活无虞，还是为他和赵一荻留好退路！她始终是，为少帅及他的爱人操持一切的“大姐”！

1987年台湾宣布解禁，于凤至急忙给张学良写信，期盼能再见一面，两个月后她收到了少帅的回信。

凤至姐：

谢谢你的来信。感谢上帝，我的一切都很好。更感谢主，领导我在他里面有喜乐平安。愿上帝祝福你，愿你在他里面有恩惠平安。

汉卿手启九月二十一日

一共四句话，50来个字。就是这么简单平淡，没有倾诉，没有相约此生再见的回应，更没有当初那些海誓山盟。什么都没有。帮她取信的管家说：“你能够看见她面部表情的变化。惊喜，激动，用颤抖的手直接撕开信封，都等不及我取来拆信刀。但瞬间，我发现她的面部表情又变了，双唇紧闭，嘴角拉了下来。讶异，不可置信，愤怒，失望，悲伤……她又反复看了几遍，便将信纸揉成一团，扔进桌旁的垃圾桶……接下来的日子，能明显看到老太太的身体衰弱下去，空洞的眼神里满是深深的悲情。”1990年3月20日，93岁的于凤至在洛杉矶去世。

1990年6月1日，张学良公开举办寿宴，意味着重获自由。但他们已经没有再见的机会了。张学良对于凤至有敬重、有感激、有钦佩、有亏欠，唯独没有爱情；在他的心目中，于凤至只是“大姐”。而于凤至，从少女时期到耄耋之年，也始终心甘情愿、死心塌地地如大姐一般呵护着他，不管少帅是起还是落，是沉还是浮。

我敬佩于凤至这样的女人，即使心有不甘和眷恋，依然没有放弃生活，把自己和后代的日子安排得稳稳妥妥，这样的女人会一直被传为佳话被人记得。

热血李宁重返巅峰

上学时记得同学喜欢调侃体育队的同学“四肢发达，头脑简单”，似乎从小我们都听过这样的话。其实，运动员中，情商、智商、财商都很高的人，也有很多。国内如姚明，退役之前，就开饭店、投资公司。只是近年来，身为中国篮协主席的姚巨人，几乎把所有心思都放在中国篮球上。国外如黑曼巴科比，还是运动员的时候，他就已经建起了自己的商业帝国。

在中国，商业最成功的运动员，当数李宁。李宁是广西人，在他的辉煌年代，他一个人包揽了整个中国所有运动员五分之一的金牌，当之无愧是全民偶像。转折发生在1988年，那年的汉城奥运会他铩羽而归，体操王子面对的是铺天盖地的指责，因为失误没有拿到冠军，人们起了怨恨，回国过海关的中国官员给他白眼:“在哪丢人不好，跑到国外丢人去了。”甚至有网友给李宁家里寄刀片要他谢罪，附上一张纸条写着“你不愧是体操亡子！”又过些时日，因为各方面包括身体原因他选择了退役。

两年之后，一个和他同名的运动品牌出现在人们面前。这个品牌的创始人正是李宁，他得到了一度被称为“中国神水”的健力宝当时一把手李经纬的大力支持。和健力宝的商业手法很相似，通过赞助中国体育，几年之后，李宁成为中国运动用品第一品牌。2004年6月，李宁公司在香港主板上市，成为第一家在香港上市的体育用品公司。而李宁本人始终相当低调。1998年，他辞去总经理职务，选择去北大读书，公司交由经理人打理，此后几乎很少有他的声音。2008年，可能是李宁本人和李宁公司的一个高峰。随着李宁在北京奥运主会场鸟巢点燃主火炬，李宁的公司也达到了高峰——到2009年时，李宁在国内的销售额超过阿迪达斯，仅次于耐克。第二年，李宁公司的营业收入接近95亿，拥有8 000多家门店。但随后，在各种冲击下，李宁从云端快速下滑，股价也出现大幅下挫。接管企业的外籍新CEO也没能拯救李宁，到2014年，李宁公司巨亏。外界一片李宁公司将倒下的声音。这时，李宁选择复出，重新担任CEO。一系列操作后，李宁很快出现了复苏，2015年体操王子重掌李宁公司。当年，就止住了此前连续3年下滑的势头。2019年上半年，李宁公司营业收入和毛利分别达到62.6亿和31亿，增幅都超过33%。

如果说之前创立李宁，是得益于那个年代中国没有自己的运动品牌，加之李宁的名人效应而取得的成功，7年前的复出，则完全依靠李宁的商业判断以及经营管理能力。当年在体操赛场叱咤风云的体操王子，在商场雄风依旧。李宁之后，中国运动员也有不少从商，但成绩都和李宁不可相提并论。

如何提高财商

既然财商如此重要，如何提升财商呢？首先，多读书。有人说人丑就要多读书，我认为人穷也要多读书。如果看不懂深奥的《巴菲特传》或者《穷查理宝典》，就从浅显易懂的财商入门书籍《小狗钱钱》《富爸爸穷爸爸》系列开始读起，搭建你财商的知识体系和底层逻辑。然后是记账。记录你的收入和消费情况可以让你清楚你的钱都花哪儿去了，让你反思哪些钱可以花得更有价值，从而实现理性消费。再进阶一点，可以设置自己的家庭预算表，提高家庭的资金结余率。

其次，请勇敢地去投资！投资什么回报率最高？当然是自己，学习财富相关课程，理财技能或职场技能都是让你提高身价的好办法。

最后，请勇敢地去试错！年轻就是本钱，时间就是金钱。你永远比明天年轻，因此趁着年轻犯错的成本最低，你可以尝试购买基金、互联网金融或者尝试一切感兴趣的事情，实现你曾经的梦想！越早学会理财投资的方法，学会如何小钱变大钱，用钱生钱，才是现在的你财富增值的好途径。

30岁以后，我们不仅要提升自己的情商，更要提升自己的财商；我们需要让金钱为自己的人生添上一些底色，让我们变得从容，自信；我们需要懂得运用财富的力量，让家庭更加稳定，给家人多一些保障。

我们国人最早了解财商可能是从罗伯特·清崎的《富爸爸穷爸爸》这本书开始。很少人天生财商高，财商大都需要后天慢慢培养。不要觉得自己从小就不懂，不知道怎么开始。要说到后天提高财商的女人，不得不佩服维多利亚。很早以前，我们都喜欢称维多利亚为辣妹，或贝克汉姆的老婆，要么就是贝嫂。但自从她开始搭建服装商业帝国，维多利亚便成为一个越来越不容忽视的品牌，越来越多的世界级明星开始穿维多利亚牌的服饰。贝克汉姆作为世界上最帅的球星之一，虽然他的绯闻满天飞，但维多利亚始终站在贝克汉姆一边，她说："小贝是世界上最好的伴侣。"

而小贝更是对高财商、有品位、即使长久被黑也坚定做自己事业的老婆充满迷恋，不离不弃。曾经，我作为一个伪球迷，认为贝克汉姆应该娶一个更温柔、更漂亮的老婆，在看到维多利亚很多事业上的成就后，在看到他们双双出席活动时的照片后，我现在认为，维多利亚真的帮贝克汉姆提高了太多档次！因此，财商高的女人可以助力家庭幸福，让家庭这艘小船在惊涛骇浪中依然保持平稳行驶。

所以，你完全来得及，什么时候开始学习都是最好的时机。

直播间见证：

5月底才看到老师的视频，再看到直播，感觉相见恨晚，早遇见您我会更早醒悟。我决定下个月老婆生日给她一个惊喜，哪怕是转3趟班次坐几个小时车，我也要去好好爱她，我以前老是希望她爱我多一点，多照顾我一些，现在我不这么想了，我想要给她一个惊喜，她上班太忙了，差不多一个月回一趟家，我也要心疼她一次。

今天听完直播我算是彻底轻松了，几个月的陪伴，现在被COCO老师训练得遇见问题也能处理好自己的情绪了，今天看完直播在开车回家的路上不停地听着三种不同的音乐，让自己感受自己过往的情绪。在COCO老师的身上我看到了希望，看到了光芒，看到了绽放的女人，加油，让自己变得柔软起来，做个好看又好用的女人。

——网友“百合”

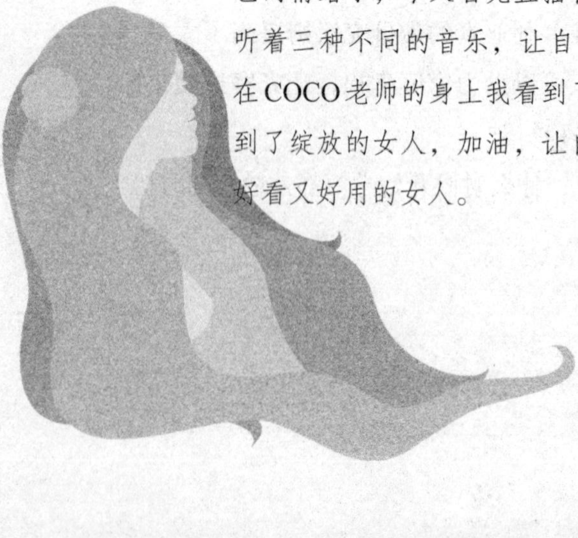